AF747476

A Mente Quântica
Como Despertar o Poder Criador da Consciência

AHZURIA.COM

Kira Solandor

Título em português: A Mente Quântica
Autor: Kira Solandor
Publicado sob o selo editorial Ahzuria .com
ISBN: 978-65-988600-6-6
Equipe editorial:
- **Editor**: Marçal Almeida
- **Editor-chefe**: L.A. Santos
- **Design da capa:** Studio Ahzuria
- **Consultoria:** Bianca Torres
- **Pesquisadores:** Rafael Lemos, T. Nogueira

Produção editorial:
Revisão, diagramação e coordenação: Ahzuria Studios
Primeira edição em português: 2025
A Mente Quântica - Como Despertar o Poder Criador da Consciência
Ahzuria.com 2025
Categorias: Autoconhecimento / Física Quântica Aplicada
DDC: 131 — CDU: 159.955

Apresentação do Editor

Era uma quarta-feira silenciosa depois de um dia de chuva forte. A água havia caído sem trégua desde a manhã, e o ar ainda carregava aquele cheiro metálico que a cidade exala quando começa a secar. Rachel, nossa secretária, bateu de leve na moldura da porta e colocou sobre a mesa um envelope pardo, um pouco amarrotado nas bordas.

"Chegou este aqui para avaliação. Disseram que é urgente."

Nada incomum. Recebemos dezenas de originais todas as semanas — e, para ser sincero, raramente algum chega em envelope de papel. Hoje, quase tudo chega por e-mail, anexado em arquivos digitais, cuidadosamente formatados, revisados, impessoais. Mas aquele, não. Aquele havia sido impresso.

Abri o envelope ainda com o som distante da chuva escorrendo pelas calhas do prédio. As folhas vinham numeradas à mão, com uma letra firme, sem pretensão de estética. O título, sublinhado em azul: "A Mente Quântica."

Confesso que, num primeiro instante, hesitei. O termo "quântico" se tornou um abrigo para promessas fáceis e explicações nebulosas. Mas, assim que li o primeiro parágrafo, percebi que havia ali algo diferente.

O autor não buscava impressionar com terminologias; ele parecia querer comunicar algo essencial, um conhecimento sentido antes de ser escrito.

Continuei lendo. E, em poucas páginas, o barulho da cidade desapareceu.

Aquelas palavras, simples e ao mesmo tempo profundas, não falavam apenas de física ou espiritualidade, mas de uma qualidade de presença que a maioria de nós desaprendeu.

Não havia misticismo gratuito nem didatismo forçado — havia um diálogo silencioso entre o pensamento científico e o olhar espiritual. E era um diálogo verdadeiro, daqueles que nascem da experiência, não da teoria.

Naquela noite, levei o manuscrito para casa.

Lembro de tê-lo colocado sobre a mesa da sala, ao lado de uma xícara de chá ainda fumegante, e de ter lido por horas, sem perceber o tempo passar. Cada capítulo me devolvia uma sensação de espaço interior — como se as palavras não falassem apenas sobre a mente, mas a partir dela, de um ponto mais vasto e silencioso que a mente racional costuma ignorar.

O que mais me tocou foi a clareza com que o autor tratava da consciência. Ele não a apresenta como um conceito filosófico distante, mas como algo vivo, uma força que atua em nós e através de nós.

Ao explicar o que chama de "mente quântica", ele nos convida a reconhecer que a realidade não é um cenário fixo, mas uma rede de relações que responde ao modo como a observamos.

Não é metáfora — é constatação.

E, ao compreender isso, a vida muda de textura: passamos a ver que cada pensamento, cada emoção e cada gesto carregam energia e intenção, moldando a experiência de maneira sutil e constante.

Pensei em quantas pessoas poderiam se beneficiar dessa leitura.

Vivemos tempos em que a ansiedade se tornou uma língua comum, e o excesso de informação rarefez o silêncio. As pessoas buscam técnicas, terapias e respostas prontas para aliviar a mente, mas poucas aprendem a escutá-la.

Este livro faz justamente isso: ensina a ouvir a própria consciência. Ele mostra que a mente não é um labirinto a ser vencido, mas uma ponte a ser atravessada — e, do outro lado, espera-nos uma forma mais ampla de estar no mundo.

Ao longo da leitura, percebi que o autor não escreve como quem ensina, mas como quem caminha junto.

Em um tempo em que a pressa se disfarça de produtividade, este livro devolve o leitor ao ritmo natural da existência — aquele em que a mente não é inimiga do espírito, mas sua extensão mais delicada.

Decidimos publicar o livro no dia seguinte.

A reunião editorial foi breve.

Um dos meus colegas comentou que a obra não parecia um manual, mas um processo de transformação em forma de texto. E é isso que ela é.

Ao lê-la, o leitor não encontrará teorias frias nem promessas milagrosas; encontrará, sim, um caminho para dentro — e dentro é o único lugar onde a verdadeira mudança acontece.

Publicar este livro foi um gesto de confiança: confiança no poder da palavra quando ela nasce de uma experiência autêntica; confiança na inteligência espiritual que atravessa o humano; confiança de que ainda há leitores que não buscam apenas informação, mas transformação.

Hoje, ao apresentar este texto, o faço com a mesma serenidade com que o li pela primeira vez.

Se este livro chegou às suas mãos, talvez seja porque você estava pronto para escutá-lo. Alguns encontros não precisam de explicação; acontecem no momento certo, e basta reconhecê-los.

Essa obra é especial, não porque traz respostas, mas porque abre perguntas novas dentro de cada um.E é nelas, nas perguntas que nos devolvem ao essencial, que a mente quântica desperta.

O Editor

Sumário

Capítulo 1
Fundamentos Quânticos

O universo que percebemos com nossos cinco sentidos é, para a maioria de nós, tudo o que existe. Vivemos em um mundo aparentemente sólido, regido por regras bem definidas de causa e efeito, com o tempo sempre seguindo do passado para o futuro em uma sequência contínua e previsível. A cadeira em que nos sentamos é vista apenas como um objeto físico, sem mistérios: uma estrutura de madeira, metal ou plástico, tangível, estática, e que só existe ali, naquele lugar. Da mesma forma, acreditamos que o amanhã será resultado direto das ações tomadas hoje, numa relação lógica, quase matemática, entre presente e futuro. Essa forma de perceber o mundo está profundamente enraizada em nosso senso comum e deriva, em grande parte, dos princípios da física clássica de Newton. Foi com base nessa visão de mundo — onde tudo é sólido, mensurável e previsível — que erguemos nossa civilização, estruturamos nossas ciências, organizamos nossas sociedades e desenvolvemos tecnologias.

Porém, essa visão começou a ser questionada no início do século XX, quando uma revolução silenciosa se instaurou nos bastidores da ciência. Com o advento da física quântica, as certezas da física clássica passaram a ser abaladas por descobertas surpreendentes sobre o universo subatômico. Esse novo campo de estudo revelou que, no mundo das partículas fundamentais, a realidade é profundamente diferente daquela que os sentidos nos mostram. Neste domínio quântico, partículas podem existir em mais de um lugar ao mesmo tempo, fenômeno conhecido como superposição. Além disso, o simples ato de observar uma partícula pode modificar radicalmente o seu comportamento, algo inimaginável para a lógica clássica, que supunha que o observador fosse apenas um espectador passivo, sem influência sobre o fenômeno estudado.

É fundamental compreender, desde o início, que este livro não tem como objetivo ensinar física em sua essência técnica. Não nos dedicaremos a explicar as equações complexas que descrevem a trajetória de elétrons ou os experimentos sofisticados que ocorrem em aceleradores de partículas. Ao contrário, nosso propósito é lançar mão dos conceitos revolucionários da física quântica como metáforas poderosas para ampliar nossa compreensão sobre a mente e a consciência humana. Aqui, os princípios do universo invisível servirão como instrumentos para expandir o pensamento, permitindo-nos transcender os limites do raciocínio convencional e explorar novas dimensões da experiência interior.

Essa distinção entre o rigor científico e o uso metafórico é crucial. As fórmulas, experimentos e medições pertencem ao ambiente controlado dos laboratórios e ao domínio dos cientistas. A abordagem proposta neste livro, por outro lado, convida o leitor a aplicar o olhar quântico como um recurso para o autoconhecimento, a criatividade e a transformação pessoal. Os mesmos princípios que explicam fenômenos misteriosos no mundo das partículas subatômicas podem ser usados para entender processos sutis da mente, como a intuição, a criatividade e a capacidade de alterar a percepção da própria realidade.

Dentro desse contexto, surge a ideia central: o que é, afinal, uma "mente quântica"? Em essência, trata-se de uma mentalidade capaz de operar segundo os princípios de possibilidade, interconexão e cocriação. Adotar uma mente quântica significa abandonar a visão rígida, fragmentada e determinista, para assumir uma perspectiva mais fluida e participativa da existência. É aprender a enxergar além das aparências imediatas, compreendendo que toda situação, problema ou desafio carrega em si um campo invisível de possibilidades latentes, pronto para ser ativado pela nossa consciência. Mais do que meros espectadores passivos de uma realidade predeterminada, nos tornamos cocriadores de nossa própria experiência, participantes ativos no constante processo de criação do universo pessoal e coletivo.

A diferença fundamental entre a mentalidade linear e a mentalidade quântica está no modo como cada uma percebe e interage com a realidade. A mente linear, que é o produto do nosso condicionamento cultural e educacional baseado no pensamento clássico, opera de acordo com uma lógica sequencial: A leva a B, que leva a C. Ela organiza o mundo em etapas bem definidas, de modo ordenado e previsível, sempre buscando respostas claras, explicações únicas e resultados mensuráveis. Essa mente é analítica e objetiva, priorizando o que é tangível, imediato e controlável. Sua zona de conforto está na certeza, evitando ou tentando eliminar as ambiguidades. Assim, limita sua percepção às evidências concretas e constrói uma visão do mundo fundamentada na relação rígida de causa e efeito, onde cada acontecimento é resultado inevitável de uma causa anterior. Essa abordagem é bastante eficaz para resolver tarefas práticas, criar procedimentos técnicos, garantir sobrevivência física e estruturar rotinas do cotidiano, mas encontra seus limites quando precisamos de criatividade, flexibilidade mental ou capacidade de enxergar além do óbvio.

O grande desafio da mente linear é que ela, ao privilegiar a ordem e a previsibilidade, tende a criar uma sensação de prisão interior. Passamos a acreditar que as coisas são como são, que existe uma única versão possível dos fatos e que pouco podemos fazer para modificar o curso de nossa vida. O poder de transformação pessoal fica restrito ao campo do que já foi provado ou do que parece lógico segundo experiências passadas. Isso, muitas vezes, nos impede de explorar novas soluções, ampliar horizontes ou imaginar caminhos alternativos, aprisionando-nos em padrões repetitivos de comportamento, pensamento e emoção.

A mente quântica, por outro lado, adota uma perspectiva oposta, fundamentada na incerteza como campo fértil de potencialidades. Para ela, os acontecimentos não têm uma única origem, mas resultam da interação de múltiplos fatores e influências. Em vez de enxergar o mundo como uma linha reta, essa mentalidade percebe uma rede complexa de relações, onde tudo está conectado e cada parte reflete o todo. Assim, para a mente quântica, o futuro não está fixo, mas aberto a inúmeros desdobramentos simultâneos, todos coexistindo como potenciais prontos para serem ativados. Essa visão ampliada permite reconhecer oportunidades em situações de aparente limitação e transformar desafios em fontes de aprendizado e crescimento.

Ao contrário do que pensa a mente linear, a mente quântica compreende que a realidade é dinâmica, processual e participativa. Não se trata de algo estático ou imutável, mas de um fluxo constante em que a consciência humana desempenha papel ativo. Isso significa que, ao mudar nosso foco, nossas crenças ou intenções, somos capazes de alterar o resultado de uma experiência, "colapsando" uma possibilidade em detrimento de outra, assim como ocorre com as partículas no experimento quântico. Tal visão abre portas para a criatividade e para a superação de limites, permitindo uma abordagem muito mais flexível e integrada dos problemas pessoais, profissionais ou existenciais.

Um dos conceitos mais intrigantes trazidos pela metáfora quântica é o chamado "colapso da função de onda", um fenômeno descrito na física para explicar o comportamento das partículas subatômicas. No universo quântico, uma partícula pode existir em múltiplos estados ao mesmo tempo até o momento em que é observada. O simples ato de observar "obriga" a partícula a assumir um único estado definido, descartando todas as outras possibilidades. Transpondo essa ideia para o campo do desenvolvimento humano, podemos compreender que o foco da nossa atenção funciona de modo semelhante: entre as inúmeras possibilidades de vida, é a nossa intenção e nosso olhar consciente que definem qual delas se concretiza em nossa experiência. O local onde colocamos nossa atenção, aquilo em que acreditamos e aquilo que escolhemos enxergar é o que começa a ganhar forma, tornando-se realidade palpável e vivida.

Portanto, pensar de modo quântico se torna um recurso poderoso para ampliar a criatividade, desenvolver a intuição e promover a cura interior. Quando aprendemos a nos libertar da lógica linear, abrimos espaço para enxergar conexões improváveis entre ideias, experimentar novas soluções e acessar uma sabedoria que vai além do raciocínio lógico. A intuição, nesse contexto, é a capacidade de perceber informações diretamente do campo de possibilidades, sem necessidade de explicação racional. Ela é a expressão da mente quântica, que integra múltiplas dimensões da experiência e permite acessar conhecimentos "invisíveis" aos olhos da razão. Já a cura interior acontece quando percebemos que não estamos presos aos acontecimentos do passado; ao mudarmos nossa interpretação sobre uma situação, somos capazes de ressignificar experiências e criar uma nova realidade interna, na qual dor e limitação dão lugar ao aprendizado, ao crescimento e à paz.

Para facilitar a compreensão das diferenças entre a mentalidade linear e a mentalidade quântica, é útil listar de maneira objetiva algumas das principais características de cada uma:

- Mente Linear: Seu foco está no imediato e no visível. Prioriza aquilo que pode ser visto, medido e comprovado, buscando segurança nas certezas e resultados tangíveis.
- Mente Quântica: Possui uma visão expandida que inclui o invisível e o potencial. É capaz de perceber além do aparente, acolhendo possibilidades e reconhecendo a existência de aspectos sutis e não manifestos da realidade.
- Mente Linear: Opera sob uma lógica de causa e efeito rígida e singular, acreditando que cada resultado só pode ter uma única causa identificável, o que limita a criatividade e a capacidade de adaptação.
- Mente Quântica: Percebe múltiplos caminhos e causas possíveis para qualquer evento, entendendo que o resultado é fruto de uma rede de influências que podem se combinar de formas inovadoras e inesperadas.
- Mente Linear: Parte de um paradigma de limitação e escassez, convencida de que os recursos e oportunidades são restritos, o que favorece sentimentos de competição e medo do desconhecido.
- Mente Quântica: Parte de um paradigma de potencialidade infinita e abundância, acreditando que existem sempre novas oportunidades a serem acessadas quando a mente está aberta e receptiva.

O processo de transição da mente linear para a mente quântica não exige nenhum conhecimento avançado de física ou habilidades extraordinárias. Ele começa com o simples exercício de observar o mundo de maneira diferente, expandindo a percepção do comum ao extraordinário. Um dos exercícios mais simples e poderosos sugeridos para esse treinamento envolve a observação consciente de um objeto comum. O passo a passo é o seguinte:

1. Escolha um objeto simples ao seu redor, como uma flor, uma folha ou uma pedra. Coloque-o à sua frente.
2. Primeiro, observe-o com sua mente linear. Note sua cor, sua forma, sua textura, seu tamanho. Descreva-o mentalmente com fatos concretos e observáveis. Esta é a realidade imediata.
3. Agora, mude a qualidade da sua observação. Feche os olhos por um instante e imagine a composição atômica desse objeto. Visualize o espaço vazio entre os átomos, os elétrons girando em velocidades incríveis. Perceba que o que parece sólido é, na verdade, um campo vibrante de energia e informação.
4. Expanda ainda mais sua visão. Visualize como essa flor interage com seu ambiente. Sinta a conexão dela com a luz do sol que a alimenta, com a água que sobe por seu caule, com o ar que troca gases com suas folhas e com a terra que a nutre. Perceba-a não como um objeto isolado, mas como um nexo em uma vasta rede de relações.
5. Por fim, finalize percebendo-a como uma expressão do próprio universo. A mesma energia que compõe as estrelas distantes está presente nela e em você. Sinta essa unidade, essa interconexão que permeia

toda a existência. Você não está mais apenas olhando para uma flor; está testemunhando um portal para a totalidade.

Esse exercício é uma ponte fundamental entre o conceito intelectual e a experiência prática. Ele ensina, em nível profundo, que a realidade não é fixa nem limitada, mas uma rede viva de possibilidades. Para educadores, terapeutas e facilitadores, a chave está em criar experiências de grupo em que os participantes possam vivenciar e comparar diretamente a visão linear e a visão expandida. A utilização de exemplos do cotidiano torna esses conceitos mais acessíveis e permite que cada pessoa traga sua própria experiência para o processo, enriquecendo ainda mais o aprendizado.

Por exemplo, ao abordar um problema profissional, a análise linear busca por culpados e soluções diretas, enquanto a abordagem quântica explora as múltiplas possibilidades e interconexões, investigando o que ainda não foi percebido e o aprendizado oculto nas dificuldades. Essa mudança de perspectiva permite não apenas soluções mais criativas, mas também maior compreensão e integração entre os membros de um grupo.

A prática da observação consciente, quando realizada de maneira regular, transforma profundamente a qualidade da percepção e da presença. Deixa de ser apenas uma técnica para se tornar uma nova forma de estar no mundo. O mais importante não é o acúmulo de informações ou o domínio de conceitos complexos, mas a mudança na qualidade da observação e do envolvimento com a vida. Essa transformação é o primeiro passo — e talvez o mais essencial — para despertar o potencial criativo e curador que reside em cada consciência humana. O universo deixa de ser uma coleção estática de objetos e passa a ser compreendido como uma sinfonia contínua de possibilidades, em constante movimento, à espera do nosso olhar atento para se revelar em plenitude.

Capítulo 2
Realidade em Camadas

A transição da mente linear para a mente quântica se inicia com a desconstrução da ideia central que sustenta nossa experiência cotidiana: a crença em uma única realidade sólida, objetiva e independente de quem a observa. Desde cedo, aprendemos que o mundo é um palco universal, onde todos partilhamos dos mesmos acontecimentos, e que nossas divergências são apenas interpretações subjetivas de fatos que, em essência, são idênticos para todos. Esse paradigma é fortemente reforçado pela física clássica, que nos apresenta o universo como uma imensa engrenagem, regulada por leis fixas e previsíveis, onde nossa consciência é vista como um mero espectador, incapaz de influenciar o espetáculo que se desenrola. No entanto, a proposta da mente quântica é justamente desafiar esse pressuposto. Ela sugere que a realidade não é estática ou unidimensional, mas multifacetada, comparável a um mosaico dinâmico, ou até mesmo a um caleidoscópio, que se transforma a cada movimento do nosso olhar interno.

Adotar uma perspectiva quântica — especialmente no campo metafórico — significa reconhecer que, em vez de existir apenas um universo, há campos de infinitas possibilidades coexistindo. Se antes já entendíamos que o ato de observar seleciona uma dessas possibilidades para se tornar experiência concreta, agora é hora de aprofundar esse entendimento, explorando o próprio processo da observação como algo intricado, formado por múltiplas camadas de atuação. A realidade não é simplesmente percebida de formas diferentes por cada pessoa; ela é literalmente vivida como versões singulares, modeladas por filtros internos que, em grande parte, atuam de maneira inconsciente. Assim, cada indivíduo, embora compartilhe o mesmo espaço físico, habita um universo particular, resultante da combinação única desses filtros perceptivos. São como mundos paralelos que se encontram e se entrelaçam, mas jamais são idênticos.

Para compreender o funcionamento dessa construção da realidade subjetiva, é necessário analisar em detalhes a arquitetura da nossa percepção. O que chamamos de "realidade" é, na verdade, um produto filtrado e moldado por várias camadas internas. Essas camadas determinam o que percebemos, o que ignoramos, como nos sentimos e de que forma reagimos a tudo o que nos rodeia.

A primeira camada é a do corpo físico, a porta de entrada de todas as informações. Nossos órgãos sensoriais são responsáveis por captar estímulos externos, porém, sua atuação está longe de ser neutra. Fatores como saúde, nível de energia, fome ou fadiga alteram profundamente nossa forma de perceber o mundo ao redor. Por exemplo, um mesmo dia ensolarado pode ser sentido como uma bênção por quem está descansado, mas como um incômodo por quem sofre de enxaqueca. O corpo, portanto, não é apenas um recipiente, mas um filtro ativo que colore e transforma a experiência.

Logo acima, situam-se as emoções. Elas funcionam como uma lente colorida, interferindo na maneira como interpretamos cada situação. Quando sentimos alegria, o mundo se revela cheio de oportunidades; quando somos tomados pelo medo ou pela tristeza, tudo pode parecer ameaçador e hostil. Um simples comentário de um colega pode ser recebido como elogio se estivermos confiantes, ou como crítica se estivermos inseguros. Dessa forma, as emoções não apenas reagem a fatos; elas participam ativamente da criação dos fatos como os percebemos.

Acima das emoções, encontramos a camada dos pensamentos. Nossa mente opera incessantemente, organizando as experiências em narrativas, criando histórias com começo, meio e fim, onde nos posicionamos como protagonistas ou coadjuvantes. Os pensamentos atribuem sentido aos fatos, muitas vezes de maneira automática, sem que percebamos sua influência determinante. Diante de uma mesma situação – como a perda de um emprego – duas pessoas podem construir histórias radicalmente opostas: uma pode enxergar aquilo como um desastre irreparável, enquanto a outra interpreta o evento como um ponto de virada e oportunidade de crescimento. Assim, embora o acontecimento externo seja idêntico, a experiência subjetiva, mediada pela narrativa interna, se torna completamente diferente.

Mas o filtro mais profundo e, talvez, o mais poderoso, é composto pelas crenças herdadas. Essas crenças funcionam como um sistema operacional silencioso, determinando o que é possível ou impossível em nossa realidade. Muitas delas são absorvidas na infância, vindas da família, da cultura e da educação. São ideias como "dinheiro é difícil de conseguir", "não sou bom o bastante", "o amor sempre traz sofrimento". Embora não sejam verdades universais, passam a funcionar como leis em nossa vida, orientando decisões e limitando possibilidades muito antes de serem conscientemente examinadas. Elas são responsáveis por moldar não só nossas respostas imediatas, mas o próprio campo de experiências que consideramos disponíveis.

Por fim, existe a camada da intenção consciente. Diferentemente das demais, que costumam operar de maneira automática, a intenção é a faculdade de escolher, deliberadamente, onde depositar nosso foco e nossa energia. É nessa camada que a mente quântica exerce seu maior poder. Ao enfrentarmos um desafio, podemos optar por enxergar o aprendizado oculto naquela situação, ou decidir focar na compaixão em vez do ressentimento diante de uma mágoa. Essa capacidade de direcionar a atenção nos transforma de meros reatores do ambiente em criadores ativos de significado.

O resultado da observação, portanto, não é simples nem direto. Ele é fruto da interação complexa entre todas essas camadas: corpo, emoção, pensamento, crença e intenção. Cada vez que olhamos para o mundo, estamos cocriando a realidade a partir desses filtros. Não vemos as coisas como são; vemos como somos. Essa verdade tem implicações profundas para quem busca evolução e transformação pessoal. Se nossa experiência é criada por esses filtros internos, a chave para a mudança não está em tentar controlar ou modificar o mundo externo, mas sim em aprender a examinar e recalibrar nossos próprios filtros. A rigidez de percepção – acreditar que a nossa versão dos fatos é a única correta – gera conflitos, sofrimentos e impede a expansão. A flexibilidade perceptiva, por sua vez, permite enxergar múltiplos pontos de vista, acolher diferentes interpretações e acessar novas possibilidades de ação e significado.

A prática dessa flexibilidade começa ao perceber que uma situação desafiadora pode ser vista sob diversos ângulos. Um diagnóstico médico pode deixar de ser apenas uma sentença de limitação e se transformar em convite para uma vida mais saudável e consciente. O fim de um relacionamento pode deixar de ser um fracasso pessoal e se tornar uma oportunidade de autoconhecimento e libertação. Ao desenvolver a habilidade de reinterpretar experiências, ganhamos autonomia sobre nossa própria história, curamos o passado ao resignificar memórias dolorosas e abrimos espaço para criar futuros mais alinhados com nossos desejos mais autênticos.

Para cultivar essa flexibilidade perceptiva e inaugurar, na prática, uma mentalidade quântica, um exercício simples e efetivo pode ser realizado. Trata-se da redefinição consciente de realidades, uma ferramenta poderosa para desmontar os automatismos da mente linear e exercitar a capacidade de enxergar múltiplos significados em uma mesma situação.

1. Escolha uma situação em sua vida que atualmente você percebe como difícil, negativa ou imutável. Pode ser um desafio no ambiente de trabalho, um conflito em um relacionamento ou até uma limitação pessoal que pareça insuperável.

2. Pegue um papel e uma caneta e escreva, com o máximo de detalhes possível, como você normalmente percebe essa situação. Expresse seus pensamentos, emoções e a história interna que se repete quando você pensa nela. O importante é ser totalmente honesto e fiel à sua reação automática e habitual.

3. Em seguida, respire profundamente e faça a si mesmo uma pergunta fundamental: "Que outra interpretação seria possível para essa mesma situação?" Permita-se explorar outros ângulos, mesmo que eles pareçam improváveis no começo. Imagine como uma pessoa diferente – com outra personalidade, história ou crença – poderia olhar para esse mesmo cenário.

4. Liste ao menos três novas formas de interpretar a situação. Não se preocupe inicialmente com a veracidade absoluta dessas perspectivas; o objetivo aqui é treinar a mente a acessar alternativas. Por exemplo, se o desafio for um chefe muito exigente, as novas interpretações podem incluir: a) "Ele me pressiona porque vê em mim potencial de crescimento e quer me ajudar a alcançar mais"; b) "As exigências dele estão me mostrando os limites que preciso aprender a impor para manter meu bem-estar"; c) "Esse desafio é

um exercício de resiliência para que eu desenvolva habilidades que precisarei em outras áreas da vida".

5. Por fim, escolha entre essas novas interpretações aquela que lhe traz mais leveza, abertura ou sensação de poder. Comprometa-se, por alguns dias, a praticar ativamente essa nova narrativa, substituindo conscientemente o roteiro antigo pelo novo sempre que a situação se apresentar. Observe, com curiosidade, como essa alteração do olhar afeta suas emoções, seu comportamento e os próprios resultados obtidos.

Para terapeutas, educadores e facilitadores, esse tipo de abordagem tem valor transformador. Ao invés de focar somente no conteúdo dos problemas relatados, a atenção se volta para a identificação dos filtros que produzem tais problemas. Propor rodas de conversa ou dinâmicas em grupo onde todos possam descrever a mesma situação a partir de suas diferentes perspectivas torna-se um exercício revelador: evidencia que não existe uma única realidade absoluta, mas múltiplas realidades construídas. Ao ensinar clientes ou alunos a se tornarem investigadores atentos de suas próprias percepções, desenvolve-se autonomia, empoderamento e maior capacidade de cocriação da própria experiência de vida.

O ensinamento central da mentalidade quântica é que o universo não impõe uma realidade fixa, mas oferece um vasto campo de potencialidades. As camadas da nossa consciência — corpo, emoções, pensamentos, crenças e intenções — são as ferramentas com as quais moldamos uma dentre essas possibilidades e a transformamos em experiência vivida. O verdadeiro poder reside na capacidade de modificar a qualidade da percepção: ao mudar o modo de ver, mudamos também a realidade que se manifesta. Assim, a busca não é pelo controle externo, mas pelo refinamento do olhar interno, pela maestria em navegar entre diferentes interpretações e pela escolha consciente daquelas que ampliam, fortalecem e libertam.

Capítulo 3
Consciência Observadora

Se entendemos que a realidade é um campo de potencialidades e que nossa percepção é composta por múltiplas camadas, surge uma pergunta essencial para o aprofundamento do tema: quem ou o que está no comando desse processo? Quem faz a escolha entre tantas possibilidades e determina qual delas se tornará realidade concreta em nossa experiência? A resposta, no contexto da mente quântica, reside na figura do observador interior — aquilo que chamamos de consciência observadora. Esse conceito representa um avanço em relação à simples constatação de que a realidade é moldável: agora nos voltamos para o agente que efetivamente faz essa moldagem. O observador interno não é um espectador distante, mas a força ativa e criadora que estrutura a experiência individual.

A física quântica nos oferece uma metáfora poderosa para entender esse fenômeno. No experimento clássico do observador, ficou demonstrado que o ato de observar altera o objeto observado. Transpondo esse princípio para o laboratório de nossa vida, percebemos que nossa atenção jamais é neutra. Ao contrário, ela atua como uma corrente energética da consciência, capaz de iluminar certas áreas do campo de potencialidades, trazendo-as à existência, enquanto tudo aquilo que não recebe foco permanece adormecido no campo do não-manifesto. O que escolhemos observar, consciente ou inconscientemente, ganha força e se expande; aquilo que ignoramos, enfraquece ou sequer chega a se manifestar.

Esse mecanismo pode ser facilmente notado no dia a dia. Se nossa atenção se fixa continuamente na escassez, começamos a enxergar e atrair experiências de falta em várias áreas da vida. Por outro lado, quando cultivamos um foco na gratidão, as oportunidades para agradecer se multiplicam. Não se trata de pensamento mágico, mas de uma dinâmica energética: a atenção alimenta e materializa aspectos específicos da nossa realidade, dando-lhes forma e relevância. Portanto, o desafio fundamental para quem deseja desenvolver uma mente quântica está em assumir as rédeas da própria atenção, transformando-se em um observador ativo e consciente.

Contudo, alcançar esse estado de consciência observadora não é tarefa automática. Durante a maior parte do tempo, estamos completamente imersos no conteúdo da mente — pensamentos, emoções, sensações e crenças — sem perceber a possibilidade de nos distanciarmos deles. Essa fusão gera identificação total: não temos apenas um pensamento de medo, nós nos tornamos o medo; não sentimos apenas tristeza, nós somos a tristeza. Nesses momentos, somos prisioneiros dos nossos próprios padrões, reagindo automaticamente e repetindo ciclos que parecem impossíveis de romper.

A chave para a libertação reside na capacidade de criar um espaço, mesmo que mínimo, entre o "eu" que observa e aquilo que está sendo observado — seja um pensamento, uma emoção ou uma sensação física. É nesse intervalo que surge o verdadeiro poder de escolha e transformação. O primeiro passo para despertar o observador interior é o desenvolvimento da autoconsciência, ou seja, aprender a testemunhar os processos internos sem se perder neles, sem julgamento, sem resistência. Essa postura cria um novo espaço de liberdade interior, onde é possível agir com intenção ao invés de apenas reagir.

Observar sem julgamento é o núcleo da prática da consciência observadora. Em nosso funcionamento habitual, a mente linear se apressa em rotular tudo o que percebe: classifica experiências como boas ou más, corretas ou erradas, agradáveis ou desagradáveis. Este movimento automático de julgamento instaura separação e conflito interno, reforçando padrões de defesa, medo ou autocrítica. A consciência observadora, por sua vez, assume uma postura de curiosidade neutra, abrindo espaço para acolher qualquer pensamento ou emoção que surja sem o peso do julgamento. Essa mudança sutil de atitude é profundamente transformadora.

Quando nos posicionamos no papel de observadores, mudamos a relação com nossos próprios processos internos. Em vez de sermos dominados pela raiva, pela tristeza ou pela ansiedade, passamos a reconhecê-las como fenômenos transitórios que acontecem na mente, mas que não nos definem. Um pensamento negativo deixa de ser um decreto e passa a ser apenas um evento passageiro na tela da consciência.

Podemos notar: "Aqui está um pensamento de dúvida", ou "Surge uma sensação de desconforto no peito", sem nos identificar com isso. Esse simples ato de notar, sem resistir e sem se apegar, é suficiente para iniciar o processo de dissolução da carga emocional ou mental, permitindo que a energia associada à experiência flua e se dissipe naturalmente.

A qualidade da observação interna pode variar em diferentes modos, e o reconhecimento dessas diferenças é fundamental para o crescimento pessoal e o domínio da mente quântica. Podemos descrever esses modos principais:

• Julgar: Modo automático e predominante na mente não treinada. Julgar é comparar a experiência vivida com um ideal, emitindo vereditos que geram separação interna. Esse padrão alimenta conflitos, insatisfação e estagnação.

• Criticar: Forma mais intensa de julgamento. A crítica interna é corrosiva, pois foca nos defeitos, busca erros e enfraquece a autoestima. Observar a si mesmo através dessa lente leva ao autoboicote e à autossabotagem recorrente.

• Acolher: Primeiro modo de observação da mente quântica. Acolher é permitir que pensamentos e emoções existam sem resistência, com aceitação e compaixão. Significa dar um "sim" à própria experiência, como ponto de partida para toda verdadeira mudança.

• Transformar: Modo mais avançado da consciência observadora. Após acolher a experiência, é possível redirecionar conscientemente o foco. Não se trata de negar ou suprimir, mas de escolher deliberadamente uma nova perspectiva, infundindo a situação com energia renovada, como gratidão, amor ou confiança.

A prática do redirecionamento do olhar interior é, portanto, um exercício essencial da mente quântica. Ela consiste em, no meio do turbilhão emocional ou mental, encontrar o "olho do furacão" – o centro de calma e observação – e, desse ponto de quietude, decidir conscientemente qual aspecto da experiência receberá a luz da atenção. Em vez de reagir de modo impulsivo, passamos a responder a partir de uma escolha interna madura. Esse processo não é uma luta contra a mente, mas um relacionamento colaborativo, onde a sabedoria do observador guia o fluxo da energia mental.

Para desenvolver essa habilidade na vida prática, existe um exercício fundamental: o treinamento do observador interior. Veja o passo a passo desse exercício de fortalecimento da atenção consciente e não identificada:

1. Encontre um local tranquilo, onde não será interrompido. Sente-se de forma confortável, com a coluna ereta, e feche os olhos.
2. Comece a notar o fluxo dos seus pensamentos, sem tentar pará-los ou controlá-los. Simplesmente testemunhe cada pensamento que surge e desaparece, como nuvens passando no céu.
3. Para ajudar a criar distância, imagine-se sentado em uma poltrona, dentro de uma sala de cinema. Na tela à sua frente, seus pensamentos, lembranças e preocupações são projetados como cenas de um filme.

Você é o espectador, não o ator. Observe o filme com interesse tranquilo e desapego.

4. A partir dessa posição de testemunha, perceba quais "filmes" mentais geram expansão, paz e força, e quais geram contração, ansiedade ou limitação. Apenas observe, sem tentar mudar nada. Esse ato consciente já inicia o enfraquecimento dos padrões negativos e fortalece os positivos.

5. No final da prática, dedique alguns minutos para escrever em um diário de observação. Anote os tipos de pensamentos mais recorrentes, os padrões que notou e as sensações vivenciadas ao assumir o papel de observador. Esse registro consolida a consciência e permite acompanhar o próprio progresso ao longo do tempo.

A condução de práticas que fortalecem a consciência observadora representa um dos caminhos mais curativos para o desenvolvimento pessoal, especialmente em ambientes terapêuticos e educacionais. Quando terapeutas ou facilitadores guiam pessoas ao estado de testemunha interior, abrem espaço para profundas transformações. Sessões de meditação guiada que exploram o "eu observador" podem ajudar participantes a vivenciar alívios significativos, pois revelam que a identificação com pensamentos e emoções é apenas uma camada da experiência, não sua essência definitiva.

O grande insight que emerge desse processo é a descoberta de que não somos a nossa dor, a ansiedade, a história de fracasso ou limitação. Somos a consciência que observa — silenciosa, neutra, sempre presente — e que pode escolher, a cada instante, onde colocar o foco da atenção. Essa compreensão é libertadora. Quando uma pessoa percebe que pode simplesmente assistir, com gentileza, o fluxo de sua ansiedade sem engajar-se em um ciclo de medo ou resistência, o padrão perde energia. A repetição da reação é o que perpetua o sofrimento; a observação acolhedora e compassiva dissipa o ciclo por falta de alimento energético.

No cotidiano, cultivar esse centro de quietude e lucidez é como encontrar o olho do furacão em meio ao caos emocional ou mental. Não importa o quanto as ondas estejam agitadas na superfície; no fundo, existe um espaço de serenidade inalterável, que é a própria consciência observadora. É dessa profundidade estável que nasce o verdadeiro poder de autotransformação. Quando estamos ancorados nessa presença, deixamos de ser vítimas das circunstâncias mentais e emocionais, tornando-nos curadores e jardineiros do nosso próprio campo interno.

Essa capacidade de observar e escolher conscientemente o foco não se limita à meditação formal. Na vida prática, a todo momento, temos a oportunidade de regar diferentes sementes em nosso jardim mental. Podemos cultivar ressentimento ou compaixão, medo ou confiança, ansiedade ou calma. O treino da mente quântica é, portanto, um exercício contínuo de atenção e intenção. Não se trata de eliminar pensamentos ou emoções indesejáveis, mas de aprender a reconhecê-los, acolhê-los e, quando possível, transformá-los a partir do centro sereno do observador.

Para educadores e terapeutas, propor práticas de diário de observação, exercícios de visualização e rodas de conversa centradas no tema do "eu testemunha" cria espaços seguros para a expressão e a autorreflexão. O simples ato de relatar padrões observados, sem julgamento, já inicia o processo de dissolução de velhos condicionamentos. Incentivar grupos a compartilhar, de maneira respeitosa, suas descobertas internas pode revelar que o sofrimento individual é, na verdade, uma experiência compartilhada — e que todos, independentemente de sua história, possuem em si o potencial de acessar a presença transformadora do observador interior.

A sabedoria da mente quântica se revela, enfim, quando compreendemos que não precisamos nos tornar outra pessoa ou adquirir algo novo para viver com mais liberdade, criatividade e poder. Essa consciência lúcida já está disponível, pronta para ser reconhecida e exercitada. Ela não é um estado extraordinário ou distante; é a presença silenciosa e sempre acessível no centro da nossa experiência. A mente quântica desperta precisamente quando o observador desperta. A partir desse instante, a vida deixa de ser uma sequência de reações automáticas e se transforma numa obra aberta de cocriação consciente.

Capítulo 4
Pensamento Vibracional

Ao despertar a consciência observadora, tornamo-nos aptos a perceber o fluxo incessante de pensamentos que cruzam a nossa mente. O passo seguinte desta jornada é reconhecer a verdadeira natureza desses pensamentos, entendendo que eles não são meras abstrações inofensivas, confinadas ao nosso mundo interior. Cada pensamento é, na verdade, um pulso de energia, portador de uma assinatura única e de uma frequência vibracional específica. A mente quântica se destaca justamente por aprender a perceber que pensar é um processo ativo, um ato de transmissão energética contínua para o campo quântico à nossa volta. Assim, a qualidade das nossas experiências, nossa saúde e o próprio ambiente em que vivemos refletem diretamente a qualidade das frequências que emitimos a partir do nosso campo mental.

Esse conceito, de que tudo no universo é vibração, está presente tanto em tradições espirituais milenares quanto nos fundamentos da física contemporânea. Ao aceitarmos que somos seres energéticos habitando um universo de energia, passamos a compreender que nossos pensamentos também possuem natureza vibracional. Não são apenas ideias transitórias; são eventos dotados de impacto real e palpável. Podemos, intuitivamente, sentir a diferença entre um pensamento que nos eleva e outro que nos puxa para baixo. Essa percepção de expansão ou contração é a manifestação física da frequência vibracional de cada pensamento, evidenciando que o conteúdo mental afeta não só o emocional, mas o corpo inteiro.

No cotidiano, podemos agrupar os pensamentos em duas categorias principais: pensamentos densos e pensamentos elevados. Os pensamentos densos vibram em frequências mais baixas e lentas, como medo, raiva, ressentimento, culpa, inveja ou crítica. Quando nos entregamos a esses padrões, os efeitos físicos e emocionais são imediatos: o corpo ativa mecanismos de estresse, liberando substâncias como o cortisol e a adrenalina, enquanto a musculatura se contrai, a respiração se encurta e o sistema imunológico é enfraquecido. Do ponto de vista emocional, experimentamos uma sensação de peso, separação, limitação e, frequentemente, um estado de fadiga física e mental, resultado da drenagem constante da energia vital para sustentar esses padrões mentais negativos.

Por outro lado, os pensamentos elevados vibram em frequências mais altas e rápidas, como a confiança, o amor, a gratidão, a alegria, a compaixão e a aceitação. Quando escolhemos cultivar esse tipo de pensamento, o corpo responde com relaxamento, regeneração e liberação de substâncias benéficas como serotonina, dopamina e ocitocina. O resultado é uma sensação física de leveza, bem-estar, expansão e conexão. Sente-se o corpo mais solto, a respiração se aprofunda, e a energia vital circula com mais fluidez. Além disso, essa qualidade vibracional não só melhora o humor, mas também ajusta todo o campo energético, promovendo maior saúde e equilíbrio.

Quando um pensamento é repetido com frequência, ele deixa de ser apenas um pulso isolado e começa a se solidificar em uma crença. Uma crença nada mais é do que um padrão de pensamento que se tornou hábito, uma trilha neural profundamente estabelecida no cérebro e, ao mesmo tempo, uma frequência cristalizada no nosso campo energético. As crenças têm o poder de filtrar e moldar toda a nossa percepção, influenciando não apenas como vemos o mundo, mas também como interagimos com ele e o que estamos abertos a experimentar.

As crenças limitantes, tais como "não sou capaz", "o mundo é perigoso" ou "não mereço ser feliz", originam-se de pensamentos densos que se repetiram ao longo do tempo até se tornarem verdades internas inquestionáveis. Funcionam como filtros escuros que nos obrigam a interpretar os acontecimentos sempre sob o mesmo viés, perpetuando padrões de autossabotagem e limitação. O ciclo se retroalimenta: a crença gera pensamentos semelhantes, que reforçam a emoção correspondente, validando novamente a crença — e assim, o campo vibracional se mantém em baixa frequência.

Em contrapartida, as crenças expansivas, como "eu aprendo e cresço com os desafios", "sou digno de amor e sucesso" ou "a vida está sempre me oferecendo novas oportunidades", são derivadas de pensamentos elevados e positivos que, repetidos de forma consistente, tornam-se a nossa frequência dominante. Elas funcionam como portais para novas experiências, pois mudam a nossa postura diante do desconhecido, ativam emoções construtivas e atraem sincronicidades favoráveis. Quando essa vibração mais elevada se torna habitual, sentimos mais energia, entusiasmo e resiliência diante dos desafios, pois a mente já está treinada a buscar soluções, aprendizados e crescimento.

A mente quântica entende que a verdadeira transformação não acontece através da luta contra pensamentos densos ou crenças negativas. O confronto direto tende apenas a reforçar aquilo que se tenta eliminar, pois aquilo em que colocamos resistência também recebe nossa atenção e energia, fortalecendo o padrão que desejamos dissolver. O caminho mais eficiente é, primeiramente, reconhecer a presença desses pensamentos com honestidade e sem julgamento, usando a consciência observadora para perceber a energia do padrão mental. Uma vez reconhecido, o próximo passo é escolher deliberadamente introduzir uma nova frequência, um pensamento mais elevado, utilizando o poder do foco e da intenção consciente.

Com a repetição deliberada desse processo — reconhecimento, aceitação e substituição por uma vibração mais elevada — o campo energético pessoal vai gradualmente mudando de frequência. As crenças limitantes perdem força e espaço, dando lugar a uma nova matriz mental mais alinhada com estados de saúde, abundância e realização. Isso exige prática, paciência e constância, mas os efeitos são cumulativos e transformadores, criando um ciclo positivo de bem-estar mental, emocional, físico e energético.

Para transformar essa compreensão em prática cotidiana, a mente quântica dispõe de ferramentas concretas para reprogramar a frequência dos pensamentos. Afirmações, visualizações e mantras são exemplos de técnicas que podem ser incorporadas à rotina para instalar novas vibrações no campo mental e emocional.

As afirmações são declarações positivas formuladas no tempo presente, projetadas para substituir padrões mentais limitantes. Ao afirmar repetidas vezes frases como "Eu sou merecedor de felicidade" ou "Minha vida está em constante evolução", criamos novas trilhas neurais e emitimos vibrações mais elevadas. É fundamental sentir a verdade da afirmação, permitindo que ela gere não só uma mudança intelectual, mas também sensorial e emocional. Quando aliada à intenção sincera, a repetição diária de afirmações atua como um verdadeiro código de reprogramação, pouco a pouco, alinhando a mente a um estado de maior expansão, confiança e possibilidade.

As visualizações utilizam o poder da imaginação para criar cenas internas de uma realidade desejada. Visualizar, por exemplo, o sucesso em um projeto ou um relacionamento harmonioso, ativando as sensações e emoções que tal experiência geraria, prepara o campo vibracional para sintonizar com aquela frequência. O cérebro não distingue entre uma experiência real e uma vívida imagem mental; ambos os processos ativam os mesmos circuitos neurais e emocionais. Assim, quanto mais intensamente visualizamos, mais influenciamos nossa energia e abrimos caminho para manifestar essas experiências.

Os mantras, por sua vez, são palavras ou sons de poder que, ao serem repetidos, atuam diretamente no campo vibracional da mente. A vibração sonora do mantra ressoa através do corpo e da consciência, ajudando a dissolver padrões densos e alinhar a energia com frequências universais de paz, equilíbrio e clareza. O uso regular de mantras, especialmente em práticas meditativas, auxilia a manter a mente centrada e o campo energético harmonizado.

Para estruturar e acompanhar esse processo de transformação, o diário vibracional é uma ferramenta prática e profunda. Segue um procedimento que pode ser adotado diariamente:

1. Durante uma semana, dedique alguns minutos ao final do dia para registrar os pensamentos que mais se repetiram. Não se trata de censurar ou corrigir, mas de observar honestamente quais temas ou padrões ocuparam espaço na mente.
2. Classifique cada pensamento como "denso" ou "elevado". Esse exercício de nomeação já amplia a autoconsciência e revela tendências ocultas de autossabotagem ou expansão.
3. Escolha, a cada dia, um pensamento denso de destaque — aquele que mais lhe trouxe desconforto ou que mais se repetiu.
4. Reescreva esse pensamento em uma versão elevada, positiva, no tempo presente e empoderadora.

Por exemplo, transforme "Eu sempre erro" em "Eu aprendo com cada experiência e evoluo a cada dia."

5. Comprometa-se a repetir mentalmente essa nova frase pelo menos dez vezes ao longo do dia seguinte. Ao repeti-la, busque sentir sua verdade, permitindo que a vibração positiva se instale em seu campo.

Esse processo, além de fortalecer a musculatura mental para escolhas conscientes, ensina que mudar a frequência dos pensamentos é uma prática de responsabilidade pessoal e poder criativo. No contexto terapêutico, apoiar clientes a identificar e substituir crenças limitantes por afirmações e visualizações positivas pode desencadear mudanças profundas, especialmente quando realizado em grupos, potencializando a energia coletiva para uma transformação ainda mais potente.

Compreender o pensamento como vibração coloca nas mãos de cada pessoa o poder de criar, deliberadamente, sua realidade interna e externa. Deixamos de ser reféns do acaso e assumimos o papel de maestros da nossa própria orquestra vibracional. Cada escolha de pensamento é como uma nota musical: contribui para a harmonia ou para o ruído da nossa existência. Ao dominar a arte de pensar vibracionalmente, a qualidade da vida deixa de depender de fatores externos e passa a ser uma expressão direta da frequência interna que decidimos sustentar. Pensar é vibrar — e vibrar, em última instância, é criar.

Capítulo 5
Emoções Quânticas

Se compreendemos os pensamentos como ondas que enviamos ao campo quântico, as emoções podem ser vistas como a potência desse sinal. Um pensamento, por mais claro, lógico e bem formulado que seja, só ganha real força criativa quando é energizado por uma emoção congruente e autêntica. A mente quântica, ao contrário da mente meramente racional, reconhece que o verdadeiro poder está na integração entre lógica e sentimento, entre análise e sensibilidade. Emoções, cuja raiz etimológica emovere significa "energia em movimento", são exatamente isso: a força propulsora que anima e movimenta nossos pensamentos, dando-lhes vida e poder de manifestação. Sem a energia emocional, até mesmo os pensamentos mais inspiradores permanecem como sementes em solo seco, sem chance de florescer. É o sentimento que irriga essa semente e lhe permite crescer, expandir e se transformar em experiência concreta.

Assim como os pensamentos, as emoções também possuem uma assinatura vibracional própria. Mas, diferentemente do pensamento, a emissão emocional é mais intensa e abrangente, pois não se origina apenas da mente, mas reverbera por todo o corpo, envolvendo cada célula e tecido. Nosso estado emocional é, portanto, um transmissor muito mais potente do que nosso estado mental isolado. Ele expressa a verdade mais profunda do nosso ser no momento presente. É possível tentar enganar a mente com pensamentos positivos, mas se o corpo ainda vibra medo, ansiedade ou insegurança, essa será a frequência dominante, e é ela que será refletida de volta pelo campo quântico. A realidade não responde ao que desejamos ou afirmamos intelectualmente, mas sim ao que realmente somos, no nível vibracional, ou seja, ao que sentimos com mais força e constância.

Esse entendimento conduz ao conceito central de coerência entre coração e mente. A maestria quântica é alcançada quando pensamento e emoção se alinham, emitindo juntos um sinal vibracional forte, estável e coerente. Quando pensamos em gratidão e ao mesmo tempo sentimos genuinamente esse estado no peito, criamos um campo coerente entre cérebro e coração. Essa sincronia é comprovada cientificamente: ondas cerebrais e cardíacas entram em harmonia, potencializando a capacidade de manifestação e tornando o campo eletromagnético humano mais ordenado e poderoso. Em contrapartida, quando existe contradição entre o que se pensa e o que se sente — como, por exemplo, afirmar “eu sou próspero” sentindo medo da escassez —, o sinal vibracional emitido se torna confuso e caótico. O resultado é uma realidade igualmente incoerente, repleta de obstáculos e inconstâncias.

As emoções funcionam como verdadeiros portais para diferentes possibilidades de experiência. Emoções elevadas, como gratidão, alegria, compaixão e amor, vibram em frequências altas e nos conectam a realidades expandidas e harmoniosas. Sentir gratidão pelo que já se tem, por exemplo, comunica ao universo que estamos prontos para receber mais, abrindo portas para novas oportunidades. A alegria ativa a energia vital, atraindo experiências e pessoas que vibram na mesma sintonia. O amor, sobretudo quando é incondicional, aproxima-nos da frequência universal da criação e cura, dissolvendo separações e promovendo integração em todos os níveis.

Por outro lado, as emoções densas, como medo, raiva e apatia, têm papel importante e não devem ser tratadas como inimigas ou defeitos a serem eliminados. Elas são mensagens do nosso sistema emocional, sinalizando onde há desequilíbrio, necessidade de proteção, ou limites que foram ultrapassados. O medo, por exemplo, é um alerta biológico para perigos reais ou percebidos; a raiva aponta para situações de injustiça ou invasão de fronteiras; a apatia indica uma desconexão profunda com a própria energia vital. O problema não está em sentir essas emoções, pois todas elas são legítimas e têm sua função de autodefesa e orientação. O erro está em se apegar a essas frequências, tornando-as estado dominante e recorrente. A mente quântica, portanto, aprende a reconhecer, acolher e compreender essas emoções sem julgamento, utilizando sua mensagem como ponto de partida para a transmutação e liberação.

A verdadeira alquimia emocional consiste em não suprimir ou negar as emoções densas, mas em transformá-las conscientemente. Transmutar não é o mesmo que reprimir; é, antes, o processo de permitir que a energia do medo, da raiva ou da tristeza seja reconhecida, sentida e, então, convertida em aprendizado, força e sabedoria. Esse processo libera energia estagnada, restabelece o fluxo vital e permite que novas frequências, mais elevadas, ocupem espaço no nosso campo vibracional. A transmutação das emoções densas é o que possibilita avançar do sofrimento à maturidade, da rigidez à flexibilidade, da limitação à expansão interior.

Existem ferramentas práticas e acessíveis para esse cultivo emocional consciente. Uma delas é a música, cuja vibração pode mudar instantaneamente o nosso estado de espírito, facilitando a elevação emocional mesmo em dias desafiadores. Outra é a respiração consciente, que atua diretamente sobre o sistema nervoso e o campo emocional. Modificar o ritmo da respiração – tornando-a mais profunda e pausada – ativa estados de relaxamento, reduz o estresse e cria abertura para emoções mais positivas. Visualizações guiadas também são poderosas: ao imaginar e sentir uma emoção elevada, como alegria ou gratidão, treinamos nosso corpo a reconhecer e sustentar novas frequências emocionais, até que elas se tornem naturais e espontâneas.

Para iniciar esse processo, um exercício simples e transformador é a respiração da gratidão:

1. Sente-se de maneira confortável e coloque uma ou ambas as mãos sobre o coração, sentindo o calor e o contato físico.

2. Feche os olhos e inspire profundamente pelo nariz, contando lentamente até quatro.

3. Ao expirar pela boca, busque sentir uma gratidão genuína por algo simples — pode ser o ar, o corpo, o sol ou uma lembrança querida.

4. Repita esse ciclo de respiração e sentimento de gratidão por ao menos cinco minutos.

5. Ao finalizar, fique em silêncio por alguns instantes, observando as mudanças sutis no corpo e no estado emocional, percebendo a calma, o relaxamento e a expansão interna.

O trabalho com emoções densas também pode ser facilitado por visualizações simbólicas, como a transmutação do medo:

1. Reconheça conscientemente a emoção do medo assim que ela surgir, dizendo a si mesmo: "Eu percebo que estou sentindo medo".

2. Respire fundo e lentamente, ancorando-se no presente.

3. Visualize esse medo como uma fumaça cinza, localizada em alguma parte do corpo.

4. Inspire luz dourada pelo topo da cabeça, sentindo essa luz preencher cada célula.

5. Ao expirar, visualize a fumaça do medo saindo e se dissolvendo no ar.

6. Repita até sentir alívio e uma mudança energética significativa.

No contexto terapêutico, a abordagem das emoções quânticas se torna ainda mais poderosa e essencial. Ensinar clientes ou grupos a mapear suas emoções diariamente, utilizando ferramentas como diários emocionais, amplia a autoconsciência e revela padrões ocultos que muitas vezes estão na raiz de dificuldades recorrentes. Técnicas de respiração conjunta em sessões ajudam a harmonizar o campo emocional, facilitando o acesso a estados de maior calma, segurança e receptividade. É fundamental reforçar a mensagem de que não existe emoção "errada" ou "certa"; todas são válidas e carregam uma sabedoria a ser descoberta, desde que possamos ouvi-las sem medo e com presença compassiva.

A emoção, portanto, se revela como a ponte entre o mundo invisível do pensamento e o mundo visível da matéria. É ela que dá vida, cor e densidade às nossas intenções e desejos. Ao aprendermos a sentir de maneira consciente, ganhamos a capacidade de ajustar nosso estado vibracional de dentro para fora, tornando-nos verdadeiros alquimistas emocionais. Desenvolver uma mente quântica, nesse contexto, não significa nunca mais sentir tristeza, raiva ou medo, mas saber transitar por essas emoções sem nos perder ou ficar aprisionados nelas. Cada emoção densa reconhecida e transmutada libera uma enorme quantidade de energia criativa, potencializando nossa capacidade de manifestar experiências alinhadas com nossos propósitos mais profundos.

O domínio das emoções é o que transforma o pensar em criar. Pensamentos podem ser o leme, mas as emoções são o vento que impulsiona o barco pelo mar das possibilidades. Quando aprendemos a navegar conscientemente por esses mares, usando a sabedoria de cada emoção como guia, somos capazes de voltar sempre ao estado de coerência coração-mente — esse ponto de máxima potência e alinhamento criativo. O convite da mente quântica é, portanto, um convite à responsabilidade emocional: a escolha diária de sentir com verdade, transformar com intenção e criar com amor.

A musicalidade das emoções, quando bem conduzida, faz da vida uma sinfonia harmoniosa em vez de uma sequência aleatória de ruídos. Cada exercício de respiração, cada prática de gratidão, cada ato de acolhimento interno é uma nota de afinação que nos aproxima do estado de coerência. E é nesse estado que as intenções mais profundas e autênticas se realizam com maior fluidez e naturalidade. Ao final, sentir, de modo consciente e intencional, é a chave-mestra que faz toda a arquitetura da mente quântica funcionar — transformando, de dentro para fora, pensamentos em realidades e sonhos em experiências vividas.

Capítulo 6
Energia do Pensamento

O entendimento de que os pensamentos possuem vibração e que as emoções servem como amplificadores dessa vibração já representa um avanço significativo para quem deseja dominar a própria mente. No entanto, ao aprofundarmos essa investigação, torna-se evidente que o pensamento é algo mais do que uma simples frequência que emitimos inconscientemente. O pensamento é uma projeção ativa de energia que se expande e interage com aquilo que muitos chamam de campo quântico de possibilidades. Cada ideia, crença ou desejo que formulamos não se limita ao nosso universo interno: ele reverbera, moldando e influenciando tanto a nossa percepção quanto a estrutura invisível da realidade que nos cerca.

Ao compreendermos que a mente não é um sistema isolado, mas sim uma interface dinâmica entre o mundo interior — repleto de sentimentos, crenças e imaginação — e o mundo exterior, percebemos que a criação consciente da realidade exige uma abordagem muito mais sofisticada do que apenas cultivar pensamentos positivos de maneira superficial. Para que a energia criativa, que nos habita e impulsiona nossos sonhos, realmente atue de modo efetivo, é necessário disciplinar a mente, treinando-a para dirigir o foco e sustentar a intenção com clareza. Nesse processo, o pensamento deixa de ser uma lâmpada difusa, que ilumina de maneira fraca e dispersa, para tornar-se um raio laser, concentrado e capaz de transformar aquilo que toca.

Entretanto, a maior parte das pessoas vive em um estado permanente de incoerência mental. O fluxo mental desordenado, repleto de memórias aleatórias, preocupações sem sentido e fantasias desconexas, faz com que a energia criativa seja continuamente fragmentada. Em questão de segundos, alternamos entre objetivos e dúvidas, sonhos e receios, problemas do presente e lembranças do passado. O resultado é uma mente caótica, na qual cada intenção mal chega a ganhar força antes de ser substituída por outra, igualmente inconsistente. Essa dispersão energética pode ser comparada a uma tentativa de encher inúmeros copos usando uma única jarra de água: no final, cada recipiente recebe tão pouco que nenhum deles é preenchido de maneira satisfatória.

Esse fenômeno de dispersão explica, em grande parte, a dificuldade que muitos encontram para transformar intenções em resultados concretos. Quando um pensamento positivo é facilmente anulado por uma torrente de dúvidas, medos e autocríticas que operam silenciosamente no subconsciente, o sinal energético enviado ao campo quântico se torna ruidoso, contraditório e incapaz de gerar efeitos reais. Ao invés de emitir um comando claro ao universo, enviamos um amontoado de mensagens conflitantes, o que impossibilita qualquer materialização consistente. Por isso, a coerência mental é a chave para elevar o potencial do pensamento e utilizá-lo como instrumento de transformação consciente.

O caminho oposto à incoerência é o desenvolvimento do foco mental, que se caracteriza pela capacidade de manter a atenção direcionada, de maneira firme e sustentada, sobre um único pensamento, objetivo ou intenção. Quando a mente é treinada para sustentar esse estado de foco, as ondas energéticas dos pensamentos passam a se alinhar, movendo-se todas na mesma direção, criando um efeito de reforço mútuo. Assim como a luz de um laser é capaz de concentrar sua energia de forma tão coerente que pode até cortar aço, a mente focada emite um sinal mental claro, potente e incisivo, apto a interagir de maneira mais eficiente com o campo quântico de possibilidades.

A distinção entre a luz difusa de uma lâmpada e a precisão do raio laser ilustra, de forma poderosa, a diferença entre uma mente dispersa e uma mente focada. Uma lâmpada espalha sua luz em todas as direções, iluminando apenas de modo superficial. Já o laser reúne toda a energia luminosa em um único feixe, potencializando sua força e alcance. Quando conseguimos treinar nossa mente para agir como um laser, canalizamos toda a energia disponível para um ponto específico, tornando a nossa intenção muito mais eficaz e capaz de influenciar diretamente a realidade.

Esse estado de foco elevado, entretanto, não é uma qualidade inata ou privilégio de poucos, mas sim uma habilidade que pode e deve ser desenvolvida por qualquer pessoa interessada em expandir sua capacidade criativa. A disciplina é fundamental nesse processo, pois ela ensina a mente a obedecer à vontade consciente, ao invés de se perder em estímulos aleatórios do ambiente externo ou das próprias inquietações internas. Praticar o foco mental significa treinar a atenção até que ela se torne uma serva obediente dos nossos desejos e intenções, e não uma vítima indefesa das distrações cotidianas.

Nesse contexto, ferramentas como afirmações e visualizações ganham um papel essencial. Longe de serem meros exercícios de autoajuda, elas representam verdadeiros treinamentos para a mente. Ao repetir uma afirmação positiva ou visualizar uma situação desejada com regularidade, estamos fortalecendo o "músculo" do foco. Cada repetição reforça a habilidade de sustentar um único pensamento, ensinando a mente a permanecer quieta, a resistir à tentação de saltar de uma ideia para outra, e a canalizar toda a energia para o que realmente importa. A mentalização criativa, portanto, não é apenas imaginar: é construir, com riqueza de detalhes e emoção, a imagem de uma realidade desejada, projetando esse cenário mental no campo quântico com convicção e clareza.

Para transformar a energia mental dispersa em um foco direcionado, é necessário atuar em duas frentes principais: a substituição de padrões mentais incoerentes e o treinamento específico da concentração. O primeiro passo é identificar e modificar crenças negativas recorrentes, enquanto o segundo envolve desenvolver a habilidade de sustentar a atenção em um único objeto ou ideia por períodos cada vez maiores. Cada avanço nesse processo fortalece a coerência do pensamento, potencializando a sua capacidade de criar e manifestar resultados no mundo real.

O processo de substituição de crenças, como primeiro exercício prático para transformar padrões mentais incoerentes, oferece uma estratégia clara para reprogramar a mente e eliminar o ruído de fundo que sabota o foco e a manifestação dos desejos. O método propõe que, em um primeiro momento, cada indivíduo identifique um pensamento negativo recorrente, que pode assumir a forma de uma autocrítica, preocupação ou crença limitante, como "eu não consigo" ou "eu não mereço". Essa identificação consciente já representa um importante passo para tomar o controle sobre o próprio diálogo interno.

Ao anotar esse pensamento em um pedaço de papel, ocorre o processo de externalização: a ideia negativa sai do campo mental e assume uma existência objetiva, diminuindo, assim, seu poder inconsciente. Em seguida, o exercício orienta a reescrever o pensamento limitante em uma formulação positiva, sempre no tempo presente, como por exemplo transformar "eu não consigo" em "eu sou perfeitamente capaz de aprender e superar este desafio" ou mudar "eu não mereço" para "eu mereço todo o bem que a vida tem a oferecer". A repetição dessa nova afirmação em voz alta, preferencialmente diante de um espelho, e com convicção emocional, dez vezes ao dia, serve para imprimir essa nova crença na mente subconsciente.

Esse ciclo deve ser mantido por ao menos uma semana, observando-se atentamente as mudanças no estado de humor, na autoconfiança e nas reações diante dos desafios diários. Esse exercício, quando praticado com regularidade, cria novos caminhos neurais e instala uma nova programação mental que tende a se manifestar em atitudes e resultados mais alinhados com os objetivos desejados.

Já o segundo exercício — o treino do foco mental — consiste em escolher um objeto simples, como uma vela acesa, uma flor ou um ponto na parede, e sustentar toda a atenção sobre ele por um período de tempo determinado. Inicialmente, recomenda-se praticar por dois minutos, simplesmente observando o objeto, atento aos seus detalhes, cores e formas, sem rotular ou analisar. Sempre que outros pensamentos surgirem — o que é natural e esperado —, a orientação é não se julgar, mas apenas perceber a distração e, com gentileza, trazer o foco de volta ao objeto. A prática constante desse exercício, com aumentos graduais de tempo até alcançar dez minutos de concentração ininterrupta, fortalece o poder de manter a mente quieta e sob comando consciente.

Para os terapeutas, identificar e trabalhar padrões mentais limitantes de seus clientes é uma parte fundamental do processo de transformação. Uma vez que esses padrões são trazidos à consciência, técnicas como a visualização criativa podem ser utilizadas para instalar e consolidar novas crenças, guiando o cliente a sentir e vivenciar internamente a realidade desejada.

Isso gera um campo energético mais coerente e potente, favorecendo mudanças reais e duradouras.

A máxima “a energia segue o pensamento” resume o princípio fundamental de toda essa abordagem. Uma mente dispersa desperdiça seu potencial criativo, enquanto uma mente treinada, capaz de se aquietar e focar, torna-se um verdadeiro instrumento de manifestação. Cada momento de concentração direcionada é, na verdade, um ato de poder, uma comunicação direta ao universo sobre aquilo que escolhemos fortalecer e atrair para nossa experiência. Pensar de forma consciente e focada é, portanto, projetar nossa energia no tecido criativo da realidade, tornando-nos coautores daquilo que vivenciamos.

Capítulo 7
Intenção Criadora

Ao disciplinarmos a mente e aprendermos a focar a nossa energia, somos naturalmente conduzidos a uma etapa ainda mais crucial do processo criativo: o direcionamento intencional dessa força. Um raio laser, mesmo possuindo um imenso poder de concentração e intensidade, de nada serve se não for apontado para um alvo definido. De modo análogo, a energia mental e emocional que cultivamos necessita de um comando claro para produzir efeitos concretos no campo das infinitas possibilidades. Esse comando é a intenção. No universo da consciência, a intenção representa o princípio organizador, a força que dirige e molda a energia do pensamento e da emoção, reunindo-as em torno de um resultado específico e consciente. É por meio da intenção que a mente se conecta ao mecanismo da manifestação, deixando de ser uma embarcação à deriva, passiva diante das circunstâncias e do acaso, para tornar-se navegante ativa, capaz de escolher seu próprio destino.

A intenção quântica, entretanto, vai muito além do simples desejo ou do otimismo passageiro de um pensamento positivo. Ela é formada pela convergência de três elementos essenciais que, quando harmonizados, conferem coesão, clareza e potência ao processo de criação: foco, emoção e ação. O foco, explorado anteriormente, é a capacidade de manter a mente alinhada a um único objetivo, evitando dispersões que enfraquecem o sinal energético. A emoção, por sua vez, representa o combustível que potencializa a intenção; é a energia vibracional que magnetiza e sintoniza nosso campo com a frequência daquilo que desejamos manifestar. Já a ação é o componente indispensável para materializar a intenção no plano físico, demonstrando ao universo o nosso real comprometimento com a realização daquela ideia. Quando um desses elementos está ausente ou enfraquecido, a intenção perde força: sem foco, ela se dispersa; sem emoção, permanece inerte; sem ação, não sai do plano das possibilidades.

É fundamental compreender a diferença entre intenção e desejo. O desejo frequentemente nasce de uma sensação de ausência ou carência. Ao afirmar "eu desejo ter mais dinheiro", por exemplo, a vibração predominante é a percepção da falta, reforçando a distância entre o indivíduo e o objeto desejado. O desejo coloca-nos em uma postura passiva, de espera, nutrindo a crença de que algo essencial está fora do nosso alcance. A intenção, em contraste, nasce da decisão consciente e do poder de escolha. Declarar "Eu escolho criar e experienciar abundância em minha vida" é um ato de soberania criativa, onde a vibração emanada é de presença, comando e participação ativa no processo de manifestação. A intenção, portanto, é a força que nos eleva da posição de vítimas das circunstâncias à condição de protagonistas da nossa própria experiência.

A clareza desponta como o elemento fundamental para a eficácia da intenção. O campo quântico responde diretamente à precisão do comando recebido. Uma intenção ambígua, fragmentada ou indecisa gera sinais contraditórios, produzindo resultados igualmente confusos ou insatisfatórios. É como tentar sintonizar uma estação de rádio entre duas frequências: o resultado será ruído, e não música clara. Se, por exemplo, uma pessoa deseja um novo emprego, mas simultaneamente teme deixar o atual por medo das mudanças, há uma incoerência interna que bloqueia a manifestação. Esse desalinhamento entre intenção e emoção resulta em estagnação, oportunidades perdidas ou situações que não se concretizam. Assim, estar plenamente claro sobre aquilo que se deseja, e alinhar pensamentos, emoções e atitudes a essa clareza, é pré-requisito indispensável para manifestar com consciência.

Para que a intenção se transforme em uma força verdadeiramente criadora, é necessário obedecer a alguns critérios fundamentais que potencializam o seu poder e a sua eficácia. O primeiro deles é a clareza. Uma intenção só tem poder real quando é expressa de forma específica e inequívoca. Intenções vagas como "quero ser feliz" dificilmente produzem resultados concretos, pois não direcionam a energia para um alvo definido. Ao contrário, uma intenção como "Eu vivo meus dias com um sentimento de paz interior e propósito" já traz um foco preciso, permitindo que o campo de possibilidades organize-se em torno dessa experiência desejada.

Outro critério essencial é a formulação positiva. O universo, enquanto campo de resposta vibracional, não reconhece negações; ele responde àquilo em que concentramos nossa atenção e energia. Por isso, ao declarar "não quero mais ter dívidas", mantemos a atenção justamente sobre aquilo que desejamos evitar, perpetuando o padrão indesejado. Uma intenção verdadeiramente eficaz deve ser formulada afirmativamente, como "Eu vivo em um estado de liberdade e suficiência financeira", redirecionando o foco energético para a criação de novas experiências.

A temporalidade também exerce papel crucial. Intenções precisam ser expressas no tempo presente, como se a realidade desejada já estivesse sendo vivenciada. Dizer "eu serei saudável" projeta o objetivo sempre para o futuro, impedindo sua realização no agora. Ao afirmar "eu sou saudável e vibrante", alinhamos nossa energia com a frequência da saúde no presente, facilitando sua manifestação. Esse princípio se baseia na compreensão de que o subconsciente é literal e opera a partir das imagens e comandos que recebe no momento presente.

Além disso, é indispensável carregar a intenção com uma emoção elevada. A energia emocional é o que confere vida e magnetismo ao pensamento focado. A simples repetição de frases, sem envolvimento afetivo, produz resultados limitados. Por outro lado, quando associamos sentimentos de gratidão, alegria ou paz à intenção, criamos um campo vibracional coerente, que facilita o colapso das possibilidades desejadas no plano material. Sentir-se já vivendo a realização da intenção é um poderoso catalisador do processo criativo.

Um aspecto frequentemente negligenciado, mas de extrema importância, é a ética por trás da intenção. Como vivemos em um campo de consciência coletiva, toda intenção direcionada a manipular, controlar ou prejudicar outro ser humano gera uma dissonância energética que, invariavelmente, retorna ao emissor. A mente quântica opera, por excelência, a partir da integridade, respeitando o livre-arbítrio e buscando sempre o bem maior, tanto para o indivíduo quanto para o coletivo. As intenções mais poderosas são aquelas que, ao beneficiarem o indivíduo, promovem também o bem-estar do todo.

Para consolidar a prática da intenção, rituais simples podem ser incorporados ao dia a dia, facilitando o foco e a amplificação energética. Um desses rituais consiste em escrever a intenção em um pedaço de papel, utilizando todos os critérios mencionados: clareza, positividade e presença. Após escrever, recomenda-se sentar-se em um local tranquilo, segurar o papel entre as mãos, fechar os olhos e respirar profundamente, acalmando a mente. Em seguida, deve-se visualizar a intenção já realizada, percebendo detalhes, sensações e emoções associadas ao resultado desejado. Este papel, depois, pode ser guardado em um local especial — como um altar, carteira ou mesa de cabeceira —, servindo como um lembrete físico do compromisso energético estabelecido.

Outro exercício poderoso para fortalecer a intenção criadora é o ritual da intenção guiada antes de dormir. Este momento do dia é especialmente propício porque, ao nos prepararmos para o sono, a mente entra em um estado mais receptivo e aberto, facilitando o acesso ao subconsciente, onde as novas ideias e comandos podem ser impressos com mais facilidade. O exercício consiste em escolher uma intenção clara para ser trabalhada naquele momento, alinhada aos critérios já discutidos — clareza, positividade, tempo presente e emoção elevada.

Deitado confortavelmente, o praticante fecha os olhos e visualiza sua intenção como uma esfera de luz brilhante localizada em seu coração. Este símbolo de luz serve para ancorar a intenção em um centro energético profundo, conectando mente e emoção. Em seguida, a intenção é repetida mentalmente como um mantra suave, sete vezes, cada repetição fortalecendo o elo entre o pensamento consciente e o campo de possibilidades. O exercício culmina no adormecer, mantendo o foco tanto na imagem quanto no sentimento da intenção já realizada, permitindo que durante a noite essa programação seja assimilada e integrada ao nível subconsciente.

No contexto terapêutico, ajudar clientes a formular intenções claras, específicas e possíveis torna-se um passo fundamental para o empoderamento pessoal. Muitas pessoas sabem apenas o que não querem, mas sentem dificuldade em definir com precisão aquilo que desejam criar. O papel do terapeuta é guiar o cliente na descoberta dessa clareza, orientando-o na estruturação de intenções alinhadas com seus valores e propósitos. Além disso, a condução de práticas coletivas de intenção — onde um grupo direciona sua energia para um objetivo comum, como a paz ou a cura — potencializa exponencialmente a força da intenção individual, criando um campo energético coerente de grande poder transformador.

A prática da intenção criadora revela-se, assim, como a ferramenta fundamental que orienta todo o processo de manifestação consciente. Ela é o elemento que confere propósito e direção ao pensamento focado, transformando potencialidades em realidade. Sem intenção, a energia mental permanece dispersa, incapaz de gerar mudanças significativas; com intenção clara, a mente se converte em uma bússola confiável, capaz de conduzir o indivíduo rumo aos seus potenciais mais elevados.

A intenção é, portanto, muito mais do que um simples desejo ou uma esperança vaga. Ela é a expressão ativa do nosso poder criativo, o comando consciente que transforma a mente em instrumento de navegação no vasto oceano das possibilidades quânticas. Com ela, deixamos de ser espectadores passivos e nos tornamos verdadeiros capitães da nossa jornada, traçando rotas deliberadas em direção à realização e à expansão do nosso ser. A intenção é a bússola que orienta a mente quântica, conduzindo-nos com clareza e propósito ao encontro dos nossos mais altos objetivos.

Capítulo 8
Coerência Interior

Ao reunir os fundamentos da mente quântica — o observador desperto, o poder vibracional do pensamento, a energia das emoções e a clareza da intenção —, chegamos ao elemento que interliga todos esses aspectos em um todo coeso: a coerência interior. Este princípio é o fator integrador que transforma conhecimentos isolados em uma prática de vida autêntica e poderosa. A coerência interior pode ser compreendida como o estado de alinhamento absoluto entre pensamento, sentimento e ação, ou seja, uma integridade profunda que permeia todo o campo energético de uma pessoa. Quando há esse alinhamento, a energia vital circula de maneira livre e direcionada, convertendo desejos e intenções em forças criativas efetivas, capazes de transformar a realidade de modo sustentável e saudável.

A definição de coerência interior passa, necessariamente, pelo entendimento dos três centros de poder fundamentais do ser humano, que funcionam como pilares sustentadores da experiência. O primeiro pilar é o pensar, situado no centro mental. Este pilar abrange não só os pensamentos conscientes, mas também as crenças, as narrativas pessoais e o diálogo interno que mantemos conosco mesmos ao longo do dia. O segundo pilar é o sentir, localizado no coração, centro das emoções. Aqui residem nossas vibrações emocionais, a intuição e a qualidade energética dos sentimentos que nutrimos sobre nós mesmos, sobre os outros e sobre o mundo. O terceiro pilar é o agir, representado pelo corpo físico e pelos instintos, responsável por traduzir ideias e emoções em comportamentos práticos, hábitos cotidianos e escolhas que tomamos no mundo.

Esses três pilares, quando orientados para o mesmo objetivo, criam um canal claro para o fluxo da energia criativa. A força vital, sem obstáculos, move-se com intensidade e precisão, permitindo que a manifestação dos desejos e propósitos se dê de maneira natural. Nesse estado, somos como uma orquestra bem ensaiada, onde cada instrumento executa sua parte em harmonia, criando uma sinfonia de realização. Por outro lado, quando há desalinhamento entre o que pensamos, sentimos e fazemos, a energia se fragmenta e a potência da manifestação é reduzida drasticamente. Por isso, a coerência não é apenas desejável — ela é indispensável para quem busca criar uma realidade alinhada com seus valores e intenções profundas.

O principal obstáculo para a realização pessoal e o bem-estar reside justamente na incoerência, ou seja, nos conflitos internos entre os centros de poder do ser. É esse estado que, muitas vezes de modo inconsciente, gera autossabotagem e frustração. Os exemplos dessa dinâmica são frequentes no cotidiano: alguém que pensa em adotar hábitos saudáveis (pensar), mas sente ansiedade ou busca alívio emocional na comida (sentir), terminando por manter hábitos prejudiciais (agir). Outro exemplo comum é o da pessoa que declara o desejo de viver um relacionamento amoroso (pensar), mas carrega medos e inseguranças profundas quanto à intimidade (sentir), e, por consequência, repele possíveis conexões afetivas com comportamentos defensivos (agir).

Esse conflito interno entre os pilares do pensar, sentir e agir não só dificulta ou impede a manifestação dos objetivos, mas também resulta em um enorme desperdício de energia vital. Viver em incoerência é como tentar impulsionar um barco enquanto rema em sentidos opostos: o esforço é grande, o desgaste é constante, mas o progresso é mínimo. Essa fricção gera um estado de estresse crônico, levando ao desgaste físico, emocional e mental, e frequentemente é a origem de muitos desequilíbrios que se manifestam como sintomas no corpo e na mente. O cansaço persistente, a insatisfação recorrente e a sensação de que algo está travado na vida são marcas características de um campo energético fragmentado, em que intenções e ações seguem direções diferentes.

Por outro lado, cultivar coerência interior traz benefícios profundos e transformadores. Quando há alinhamento entre pensamento, emoção e ação, a clareza mental se expande naturalmente. A dúvida e a autocrítica, que antes obscureciam o caminho, dão lugar à convicção e à tranquilidade. Sentimos uma paz interior independente das circunstâncias externas, pois não há mais o desgaste do conflito interno. O corpo, por sua vez, responde com maior vitalidade e saúde, visto que deixa de ser palco de batalhas silenciosas para se transformar em um sistema coeso e harmonioso. O mais notável, porém, é perceber que os resultados começam a surgir com muito mais fluidez e menos esforço. Esse estado de coerência cria uma ressonância vibracional que atrai experiências alinhadas, facilitando a realização de objetivos de maneira quase natural.

É importante compreender que a coerência interior não é um estado estático ou definitivo, mas sim uma prática diária e consciente. Requer a presença ativa do observador interno, capaz de monitorar e avaliar constantemente o próprio alinhamento. A honestidade consigo mesmo é fundamental nesse processo, pois é preciso admitir quando há desalinhamentos e estar disposto a fazer os ajustes necessários. Cultivar a coerência é, portanto, um exercício de maestria pessoal: é ser o maestro que garante que todos os instrumentos da orquestra interior — mente, coração e corpo — toquem em harmonia, produzindo uma música autêntica, poderosa e única.

Para facilitar esse processo, existem práticas simples e eficazes. Um primeiro exercício é a checagem de coerência, que funciona como uma autoavaliação honesta e detalhada. Inicialmente, recomenda-se escrever em um papel um objetivo ou intenção específica. Em seguida, com os olhos fechados e respiração profunda, pergunte-se: "Meus pensamentos diários realmente apoiam essa intenção?" e registre a resposta. Depois, colocando a mão no coração, questione: "Minhas emoções favorecem esse objetivo? Sinto alegria, gratidão ou, ao contrário, medo e dúvida?"

e anote o que surgir. Por fim, reflita sobre as próprias ações: "Minhas atitudes e escolhas diárias sustentam meu objetivo? Estou me comportando como quem já realizou isso?" Observe as anotações e identifique onde existe desalinhamento, comprometendo-se a fazer pequenos ajustes na direção da coerência.

O segundo exercício fundamental para fortalecer a coerência interior é o alinhamento prático, que consiste em treinar deliberadamente a união dos três pilares: pensar, sentir e agir, de maneira integrada e cotidiana. Para começar, basta escolher uma intenção simples e significativa, como "ter mais saúde e vitalidade". Em seguida, o processo de alinhamento se dá em três etapas, cada uma correspondendo a um dos centros de poder.

1. Pilar do Pensar: É o momento de reprogramar o diálogo interno e selecionar conscientemente frases e pensamentos que estejam alinhados com a intenção escolhida. Isso significa repetir para si mesmo afirmações positivas e específicas, como "Meu corpo é forte e saudável" ou "Eu tenho energia abundante para todas as minhas atividades". Ao repetir essas ideias ao longo do dia, reforçamos circuitos mentais que favorecem a manifestação do objetivo, tornando o pensar um aliado do nosso propósito.

2. Pilar do Sentir: Nesta etapa, é importante reservar alguns minutos diários para visualizar, de olhos fechados, a intenção já realizada. Imaginar-se cheio de energia, movendo-se com facilidade e vitalidade, e cultivar emoções elevadas como alegria, gratidão e bem-estar, ativa o campo vibracional necessário para criar ressonância entre o desejo e a realidade. Sinta em cada

célula o resultado já manifesto, permitindo que o sentir sirva como ponte emocional entre o desejo e a materialização.

3. Pilar do Agir: O último passo é traduzir intenção e sentimento em atitudes concretas. Pratique diariamente ao menos uma ação coerente com sua intenção: pode ser uma caminhada, a escolha de uma refeição saudável, beber mais água, dormir bem ou praticar uma atividade que renove suas energias. Essas ações, por menores que pareçam, são o componente físico indispensável que ancora e sustenta o processo de transformação.

Ao repetir esse alinhamento triplo diariamente, pensar, sentir e agir vão se fundindo em um hábito coerente, dando forma concreta à intenção. Com o tempo, a coerência deixa de ser apenas uma meta e se torna um modo natural de viver, no qual a energia flui livremente e a realidade se organiza de acordo com os desejos mais autênticos do ser.

No âmbito terapêutico, guiar clientes no processo de revisão e alinhamento de seus três pilares pode revelar bloqueios inconscientes que sabotam intenções. Muitas vezes, a pessoa desconhece os próprios pontos de incoerência, repetindo padrões de autossabotagem por não perceber que suas ações negam aquilo que sua mente diz desejar. Práticas de alinhamento em grupo, onde os participantes compartilham intenções e se comprometem publicamente com pequenas ações coerentes, criam um campo de apoio e responsabilidade coletiva que fortalece o processo individual.

Por fim, a coerência interior torna-se a assinatura energética de quem domina a própria realidade. Esse alinhamento integral é a mensagem clara que comunicamos ao universo de que estamos prontos e receptivos para manifestar aquilo que verdadeiramente desejamos. Quando o pensar, o sentir e o agir se unem em uma só direção, toda resistência desaparece. A vida flui com naturalidade, os resultados surgem sem esforço excessivo, e a sensação de integridade torna-se constante. A coerência é, assim, a chave mestra para a mente quântica manifestar realidades saudáveis, sustentáveis e plenamente alinhadas ao propósito da alma.

Capítulo 9
Crenças Limitantes

No coração de qualquer incoerência interior, encontramos, quase invariavelmente, o poder invisível de uma crença. As crenças são os alicerces da nossa realidade pessoal, moldando nossas experiências de forma tão profunda que muitas vezes sequer nos damos conta de sua existência. Elas funcionam como o sistema operacional de um computador: invisíveis à primeira vista, mas responsáveis por comandar todas as funções. Executam programas automáticos que determinam nossas percepções, sentimentos e comportamentos, frequentemente sem que tenhamos consciência disso. São como regras silenciosas que aceitamos como verdades absolutas sobre nós mesmos, sobre os outros e sobre o mundo ao nosso redor.

Enquanto carregamos intenções conscientes — como metas e objetivos que desejamos alcançar —, frequentemente nos deparamos com bloqueios que parecem surgir do nada. Esses bloqueios, na verdade, são crenças limitantes atuando como vírus antigos que impedem que os novos "programas" da nossa mente funcionem corretamente. A mente quântica, para operar em sua máxima potência, exige que olhemos para dentro, para as profundezas do nosso subconsciente, onde estão armazenados os códigos invisíveis que realmente comandam nossa vida.

Uma crença, por sua natureza, não é uma verdade absoluta, mas uma interpretação da realidade, uma conclusão subjetiva solidificada ao longo do tempo pela repetição e pela carga emocional associada. Podemos visualizá-la como um filtro mental: assim como um par de óculos com lentes azuis faz com que tudo seja percebido com tonalidade azulada, nossas crenças influenciam nossa maneira de ver o mundo. O perigo é que, ao esquecermos que estamos "usando os óculos", passamos a acreditar que o mundo realmente tem aquela cor. Com as crenças acontece o mesmo. Por exemplo, uma crença como "eu não sou capaz" filtra todas as nossas experiências, destacando erros, minimizando sucessos e distorcendo até mesmo críticas construtivas, que passam a ser interpretadas como confirmações da nossa suposta incapacidade.

Esse padrão gera um ciclo vicioso: a crença molda a percepção, que molda os comportamentos, que geram resultados coerentes com a crença, reforçando-a. Esse ciclo é poderoso justamente por ser automático e inconsciente. Passamos a viver numa realidade distorcida por nossas próprias conclusões internas, sem perceber que essas conclusões podem ser questionadas, reformuladas e substituídas.

A origem dessas crenças muitas vezes não é consciente, nem resultado de escolhas racionais. Na verdade, a maioria das crenças mais fundamentais são herdadas e internalizadas durante a infância, quando nosso senso crítico ainda está em formação. Frases ouvidas repetidamente no ambiente familiar, como "dinheiro é sujo", "homem não chora", ou "você nunca vai dar certo na vida", tornam-se scripts internos que operam como verdades absolutas. Esses scripts não são avaliados racionalmente, mas absorvidos emocionalmente, passando a fazer parte da estrutura do nosso subconsciente.

Além das influências familiares, há ainda os padrões culturais e sociais que definem, por exemplo, o que é ser bem-sucedido, como deve se comportar um homem ou uma mulher, ou o que é considerado normal em determinada comunidade. Essas influências coletivas moldam crenças profundamente enraizadas, que raramente são questionadas, justamente por serem compartilhadas por muitas pessoas. Por fim, experiências traumáticas ou dolorosas também são fontes poderosas de crenças limitantes. Uma única traição, por exemplo, pode gerar a crença de que "ninguém é confiável", o que pode guiar todos os relacionamentos futuros da pessoa, criando barreiras emocionais invisíveis, mas eficazes.

Essas crenças herdadas, enraizadas em contextos emocionais intensos e repetitivos, são particularmente difíceis de detectar porque operam nas sombras do subconsciente. Elas não se apresentam como opiniões ou hipóteses, mas como a própria estrutura da realidade. Por isso, questioná-las pode parecer ameaçador, como se estivéssemos questionando a lógica do mundo em si. No entanto, é justamente esse processo de questionamento e ressignificação que permite a libertação do ciclo limitante.

O impacto das crenças limitantes em nossa vida é profundo e, muitas vezes, devastador. Elas funcionam como verdadeiras barreiras energéticas que nos impedem de acessar o campo de infinitas possibilidades que nos cerca. Essas crenças formam uma espécie de teto invisível que restringe nosso crescimento, nos impedindo de alcançar nosso verdadeiro potencial. Em diversas áreas da vida, esse efeito limitante se manifesta com força. Na área da prosperidade, por exemplo, crenças relacionadas à escassez ou à sensação de não merecimento atuam como mecanismos de autossabotagem. Elas nos levam a desperdiçar oportunidades, recusar propostas vantajosas ou, até mesmo, eliminar o dinheiro de forma inconsciente logo após recebê-lo.

No âmbito da saúde, crenças de fragilidade ou de predisposição genética podem minar nossa capacidade natural de cura e até enfraquecer nosso sistema imunológico. Quando alguém acredita firmemente que está "condenado" a repetir a história de doenças da família, essa crença pode se manifestar fisicamente, interferindo na saúde de forma tangível. Já nos relacionamentos, as crenças limitantes têm o poder de moldar dinâmicas inteiras. Acreditar que "o amor dói" ou que "estamos destinados a ficar sozinhos" cria uma predisposição para atrair situações e pessoas que validam exatamente essa visão de mundo. Em outras palavras, criamos e recriamos, inconscientemente, as mesmas experiências que confirmam as nossas crenças.

A boa notícia é que essas crenças não são definitivas. Graças à neuroplasticidade do cérebro, sabemos que é possível criar novos caminhos neurais em qualquer fase da vida. A mente quântica, com sua capacidade de foco, intenção e visualização, oferece um ambiente ideal para o plantio de novas crenças. Mas antes de plantar novas sementes, é necessário limpar o terreno: identificar, com clareza, quais crenças estão atualmente no comando do nosso sistema mental.

Esse processo começa pela consciência — o simples ato de observar os próprios pensamentos já inicia uma mudança. Quando passamos a reconhecer que um pensamento recorrente é, na verdade, uma crença e não uma verdade imutável, enfraquecemos seu poder. A partir desse reconhecimento, podemos dar início ao processo de reprogramação, substituindo crenças limitantes por crenças expansivas, que estejam alinhadas com os nossos desejos mais elevados e com a realidade que escolhemos cocriar.

Para facilitar essa transição, um exercício de identificação de crenças é essencial. Este exercício, ao mesmo tempo prático e revelador, ajuda a trazer à superfície os padrões ocultos que conduzem nosso comportamento. O passo a passo é o seguinte:

1. Escolha três áreas da sua vida onde você enfrenta desafios recorrentes, como, por exemplo, finanças, relacionamentos e saúde. Ao selecionar essas áreas, observe aquelas em que há uma sensação persistente de estagnação ou insatisfação.

2. Para cada área, escreva a primeira frase ou pensamento que surge em sua mente. Essa etapa exige honestidade e ausência de julgamento. Não filtre suas respostas. Pensamentos como "é tão difícil ganhar

dinheiro" ou "ninguém me entende" devem ser registrados exatamente como aparecem, pois revelam as crenças ativas.

3. Observe essas frases. Reflita sobre o efeito que elas provocam em você. Elas fazem você se sentir mais forte, confiante, esperançoso? Ou, ao contrário, causam sensação de impotência, medo ou desânimo? Essa observação permite identificar se a crença é limitante ou expansiva.

4. Para cada frase limitante, reescreva-a de forma positiva, poderosa e expansiva. Essa nova versão deve expressar uma abertura para possibilidades e para o crescimento. Por exemplo, "é tão difícil ganhar dinheiro" pode ser transformada em "Eu estou aberto e receptivo a múltiplas fontes de prosperidade". Já "ninguém me entende" pode se tornar "Eu me comunico com clareza e atraio relacionamentos baseados na compreensão mútua".

5. Comprometa-se com a repetição diária das novas crenças. Diga-as em voz alta, com emoção e convicção. A repetição, especialmente quando associada à emoção, fortalece os novos caminhos neurais, enfraquecendo gradualmente as antigas programações.

Essas etapas, embora simples, exigem disciplina e entrega. A transformação não ocorre da noite para o dia, mas a constância no processo de reprogramação mental é capaz de gerar mudanças profundas e duradouras. Ao substituir crenças que limitam por crenças que expandem, começamos a criar uma nova realidade — mais alinhada com quem realmente somos e com o que desejamos experimentar no mundo.

Para aprofundar o processo de reprogramação e desapego das velhas crenças limitantes, é fundamental envolver o corpo e o simbolismo. O ritual de libertação oferece uma ferramenta poderosa nesse sentido, pois transforma uma intenção interna em uma ação física e energética. A combinação entre o gesto simbólico, a emoção e a intenção consciente cria um ambiente propício para a verdadeira mudança. Esse processo ajuda a deslocar a crença do campo mental para uma experiência sensorial, tornando mais tangível a liberação do padrão antigo.

Veja como realizar esse ritual:

1. Escreva a crença limitante da qual você deseja se libertar em um pedaço de papel. Escolha uma crença que você já identificou como recorrente e limitadora. Pode ser algo como "Eu não sou digno de amor" ou "Eu sempre fracasso".

2. Segure o papel entre as suas mãos, feche os olhos e permita-se sentir o peso e o impacto que essa crença teve em sua vida. Visualize momentos em que essa crença influenciou suas decisões, suas emoções e seus resultados. Sinta as memórias, reconheça a dor ou o desconforto sem julgamentos. O objetivo aqui é trazer à tona a energia contida nessa crença para que ela possa, de fato, ser liberada.

3. Respire profundamente e, ao expirar, diga em voz alta ou mentalmente: "Eu reconheço o papel que você teve em minha vida até agora, e com amor e gratidão, eu liberto esta crença agora. Ela não me serve mais." Essa declaração é essencial. Ao reconhecer que, em algum momento, a crença pode ter tido uma função

(mesmo que de proteção), você transforma o processo de libertação em um ato de amor, e não de negação ou confronto.

4. Rasgue o papel em pequenos pedaços, sentindo a energia da libertação a cada rasgo. Você pode também queimar, enterrar ou jogar os pedaços em água corrente — o importante é que o ato tenha um significado pessoal. Esse gesto simbólico marca o fim de um ciclo e envia ao seu subconsciente a mensagem clara de que aquele padrão não tem mais lugar na sua vida.

5. Em um novo pedaço de papel, escreva a sua nova crença expansiva. Escolha palavras que representem aquilo que você deseja viver, experimentar e atrair. Por exemplo, "Eu sou digno de amor incondicional", "Eu sou bem-sucedido em tudo o que me proponho a fazer", ou "Eu tenho saúde, força e vitalidade". Guarde esse papel com você, coloque-o em um lugar visível ou carregue na carteira. Ele se tornará o símbolo do seu novo programa interno.

Esse tipo de ritual é poderoso porque envolve múltiplos aspectos do ser: mente, corpo, emoção e intenção. Ele ativa a neuroplasticidade de forma simbólica e sensorial, facilitando a integração de novos padrões.

Para aqueles que atuam como terapeutas, o trabalho com crenças limitantes constitui a base de muitas abordagens de cura e transformação. Uma das práticas mais eficazes é a reflexão guiada, onde o terapeuta conduz o cliente a investigar a origem de determinada crença, observando em que contexto ela surgiu e qual necessidade ela buscava atender. Muitas vezes, uma crença teve um propósito de proteção em algum momento da vida, e reconhecê-la nesse papel ajuda a suavizar a resistência à mudança.

Outra ferramenta poderosa são as visualizações terapêuticas. Nessas práticas, o cliente é conduzido a visualizar a crença limitante como uma energia ou forma que pode ser dissolvida, transformada ou liberada. Em seguida, a nova crença é instalada visualmente e energeticamente, criando uma experiência interna coerente com a nova programação desejada. Esse tipo de trabalho acessa o inconsciente de maneira simbólica e emocional, o que favorece mudanças mais profundas e duradouras.

As crenças funcionam como andaimes sobre os quais construímos nossa percepção de mundo. Por muito tempo, esses andaimes foram erguidos por outras pessoas — pais, professores, a sociedade, experiências traumáticas — e raramente questionamos sua solidez. A jornada da mente quântica convida à autorresponsabilidade, ao despertar da consciência e ao papel ativo na reconstrução da estrutura interna. Não se trata de negar o passado, mas de reconhecer que temos o poder de reescrever nossa história a partir de novas fundações.

Quando desmontamos os pilares deteriorados das crenças limitantes e os substituímos por crenças fortalecedoras, alinhadas com nossa verdade interior, damos início à construção de uma nova realidade. Essa mudança interna é o verdadeiro ponto de partida para transformar a forma como observamos e interagimos com o mundo. Em última instância, mudar nossas crenças é, mais do que qualquer outro ato, mudar a realidade que vivemos.

Capítulo 10
Reprogramação Mental

Uma vez que trazemos à tona as crenças limitantes que operavam no plano subconsciente, o passo seguinte e decisivo é realizar sua substituição ativa. Esse é o núcleo da reprogramação mental: a reescrita consciente do código-fonte da nossa percepção, um processo pelo qual deixamos de apenas observar nossos padrões mentais para assumir o papel de autores da nossa realidade interna. Identificar as crenças que nos sabotam é apenas o início — o verdadeiro poder está em instalar novos padrões que estejam alinhados com a vida que desejamos viver. A mente quântica, neste ponto, deixa de ser um sistema passivo e se torna uma ferramenta ativa de transformação.

Essa capacidade transformadora repousa sobre uma base científica sólida: a neuroplasticidade. O cérebro humano, comprovadamente, tem a habilidade de se reorganizar ao longo de toda a vida. Cada pensamento, emoção e ação que repetimos fortalece determinados caminhos neurais e enfraquece outros. Assim, uma crença limitante nada mais é do que um trajeto mental que foi repetido tantas vezes que se tornou a via automática da nossa mente — uma espécie de "supervia" que domina nossa percepção e comportamento.

A reprogramação mental propõe que desviemos, conscientemente, esse tráfego mental para novas trilhas. No início, esses novos caminhos são frágeis, comparáveis a pequenas trilhas abertas na mata. Requerem esforço deliberado para serem percorridas. No entanto, com repetição e consistência, essas trilhas vão se alargando, se consolidando, até substituírem as antigas supervias, que, com o tempo e a falta de uso, entram em desuso e se tornam obsoletas.

Nesse processo de reconfiguração neural, dois fatores se destacam como fundamentais: a repetição e a emoção.

A repetição é a responsável pela consolidação dos novos caminhos. Repetir uma afirmação positiva uma única vez produz um efeito momentâneo, quase insignificante. Mas repeti-la diariamente, com presença, grava esse novo conteúdo no cérebro e, principalmente, no subconsciente. A repetição é o mecanismo da construção — é através dela que um pensamento transitório se transforma em uma convicção enraizada. Esse é o trabalho diário de trazer a mente de volta ao novo caminho todas as vezes que ela escorregar para o padrão antigo. A prática não pode ser eventual; deve ser consistente e disciplinada.

Já a emoção é o cimento que fixa as novas estruturas. Uma afirmação repetida de forma automática, sem envolvimento emocional, tende a não produzir mudanças significativas. É como tentar construir algo com um material frágil, que não sustenta a estrutura. Por outro lado, quando a nova crença é sentida com intensidade — quando vibramos a emoção que ela nos provoca, como alegria, gratidão ou liberdade —, ela se fixa com muito mais força. O subconsciente responde a experiências emocionais intensas, pois é através da emoção que ele registra os conteúdos como verdadeiros. Por isso, é fundamental que a reprogramação não ocorra apenas no plano racional, mas que envolva o corpo e o coração.

Além disso, há momentos ideais para realizar esse tipo de trabalho com maior eficácia. Esses momentos correspondem aos estados de ondas cerebrais Alfa e Teta — frequências naturais do cérebro em que o acesso ao subconsciente é facilitado. Entramos nesses estados naturalmente ao acordar, ao adormecer e durante meditações profundas. Nessas faixas de frequência, o filtro crítico da mente consciente se enfraquece, permitindo que novas informações cheguem ao subconsciente sem tanta resistência.

Aproveitar essas janelas é uma estratégia extremamente eficaz para instalar novos programas mentais com mais profundidade. É como semear em solo fértil, onde as sementes têm muito mais chance de florescer. Por isso, ao utilizar técnicas de reprogramação, o ideal é que elas sejam praticadas nesses períodos, maximizando os resultados e reduzindo o esforço necessário para consolidar as novas crenças.

Assim, a reprogramação mental não é apenas um conceito teórico ou um exercício motivacional. Trata-se de um processo neurocientificamente validado, que exige intenção, disciplina e envolvimento emocional.

Quando aplicamos essas práticas com consistência, iniciamos um ciclo virtuoso de transformação, em que a mente se torna cada vez mais alinhada com a realidade que desejamos experienciar. A reprogramação é, portanto, o ponto de virada entre uma vida moldada por padrões herdados e uma vida construída por escolhas conscientes.

A reprogramação mental torna-se mais eficiente quando utilizamos ferramentas práticas que agem diretamente sobre os padrões subconscientes. Essas técnicas não apenas auxiliam na substituição das crenças limitantes, mas também estimulam estados mentais favoráveis à transformação. Entre as mais utilizadas e eficazes estão:

- Afirmações positivas: São declarações curtas e poderosas, formuladas no tempo presente, que expressam as crenças que queremos instalar. Elas funcionam como comandos diretos ao subconsciente. Ao repetir frases como "Eu sou digno de amor" ou "A abundância me rodeia", estamos alimentando novas imagens mentais e reforçando trajetos neurais positivos. Importante destacar que essas afirmações devem ser compatíveis com a identidade que desejamos consolidar.
- Visualizações criativas: Esta técnica envolve criar mentalmente cenas vívidas e emocionais da realidade desejada. A mente não distingue com precisão uma experiência real de uma imaginada com riqueza sensorial. Portanto, ao nos visualizarmos vivendo uma situação de sucesso, bem-estar ou realização, estamos enviando sinais ao cérebro de que essa é uma realidade possível — e ele começa a

organizar-se internamente para manifestá-la. Quanto mais detalhada e emocionalmente envolvente a visualização, maior seu poder transformador.

- Meditações guiadas: Através de uma narração conduzida, somos levados a estados profundos de relaxamento. Nesse estado, o cérebro opera em frequências mais lentas (Alfa ou Teta), acessando o subconsciente com maior facilidade. Durante a meditação guiada, sugestões positivas, imagens de cura e afirmações podem ser integradas de forma profunda, sem as barreiras críticas habituais. Isso permite que novas ideias sejam "plantadas" diretamente no campo fértil da mente subconsciente.
- Sons binaurais: Essa tecnologia sonora utiliza frequências específicas que induzem o cérebro a operar em estados de maior receptividade. Ao ouvir dois tons ligeiramente diferentes em cada ouvido, o cérebro cria uma terceira frequência (a diferença entre os dois sons), gerando um estado alterado de consciência. Esses estados favorecem a absorção de novas crenças, especialmente quando os sons são combinados com afirmações ou visualizações.

Com essas ferramentas à disposição, podemos construir rotinas de reprogramação que se encaixam na nossa vida cotidiana. Um dos exercícios mais acessíveis e poderosos é o das afirmações quânticas, um ritual diário estruturado para gerar consistência e impacto emocional. Seu passo a passo é simples:

1. Escreva cinco frases curtas, positivas e no tempo presente, representando as crenças que você deseja instalar. Exemplos incluem: "Eu sou calmo e

centrado", "A prosperidade flui para mim com facilidade", "Minha saúde é vibrante e estável", "Eu me comunico com clareza e confiança", "Sou merecedor de tudo o que é bom".

2. Três vezes ao dia (de manhã, à tarde e à noite), posicione-se diante de um espelho e olhe nos seus próprios olhos. Esse contato direto reforça o compromisso e cria uma conexão interna poderosa.

3. Antes de cada frase, inspire profundamente. A respiração consciente ajuda a ancorar sua presença e prepara o corpo para receber a nova informação.

4. Diga cada frase em voz alta, com clareza, intensidade e convicção. É essencial não apenas falar as palavras, mas sentir o que elas representam. Visualize as situações que confirmariam essa nova crença. Imagine-se vivendo aquilo como se já fosse real.

5. Repita o ciclo para todas as cinco frases. Mantenha essa prática por, no mínimo, 21 dias consecutivos — período amplamente reconhecido como o necessário para a formação de novos hábitos e padrões mentais.

Esse exercício é particularmente eficaz por combinar vários elementos essenciais da reprogramação: repetição, emoção, visualização e consistência. Ao praticá-lo com disciplina, é possível perceber mudanças no estado emocional, nas percepções e até nos resultados externos. Mais do que um hábito mental, esse ritual se torna uma afirmação diária de identidade, uma declaração consciente de quem você está se tornando.

A reprogramação mental, portanto, não é uma questão de sorte, inspiração ou circunstância. Ela é uma prática deliberada, estruturada e possível de ser aplicada por qualquer pessoa disposta a assumir responsabilidade pela própria transformação interior. Com as técnicas certas e o comprometimento diário, moldamos nosso mundo interno — e, por consequência, transformamos a realidade ao nosso redor.

Para consolidar ainda mais o processo de reprogramação mental, é recomendável explorar momentos-chave do dia em que a mente está naturalmente mais aberta a receber novas informações. Um desses momentos é o período antes de dormir, quando o cérebro começa a desacelerar e entra gradualmente nos estados Alfa e Teta, tornando-se especialmente receptivo. Aproveitar essa transição é como plantar sementes em um solo fértil: o subconsciente, livre das distrações da mente racional, absorve as novas programações com maior profundidade.

O exercício de reprogramação noturna é uma prática simples e poderosa, estruturada da seguinte forma:

1. Ao se deitar, escolha uma das suas frases afirmativas ou uma intenção clara. Prefira algo que ressoe com um desejo profundo, como "Eu sou saudável e cheio de energia" ou "Minha vida é guiada pela paz e pelo propósito".
2. Feche os olhos e comece a relaxar conscientemente. Permita que o corpo vá se soltando, que a respiração fique mais lenta, e que a mente vá se aquietando naturalmente.

3. Repita mentalmente a frase escolhida, de forma suave e contínua, por cerca de cinco minutos. Você pode sincronizar essa repetição com a respiração, tornando o processo ainda mais meditativo e eficaz.

4. Visualize a realidade que essa frase representa. Se a afirmação é sobre saúde, imagine-se acordando revigorado, praticando atividades com disposição, sentindo o corpo leve e equilibrado. Quanto mais real e emocional for a visualização, mais poderosa será sua influência sobre o subconsciente.

5. Permita-se adormecer imerso nesse estado mental. Essa última imagem, pensamento e emoção antes do sono se tornarão o pano de fundo do trabalho subconsciente durante a noite.

Esse exercício atua durante o sono como um processo de incubação, onde a mente subconsciente continua operando e solidificando os novos padrões, longe das interferências e resistências da mente consciente.

Além disso, profissionais da área terapêutica podem potencializar ainda mais a reprogramação de seus clientes com o uso de gravações personalizadas de áudio. Meditações guiadas com a voz do terapeuta, trilhas de afirmações específicas ou áudios com sons binaurais adaptados às necessidades do cliente funcionam como extensões do trabalho feito em sessão. Esses materiais, quando ouvidos com regularidade — especialmente antes de dormir —, reforçam os conteúdos trabalhados e mantêm o processo de transformação ativo no cotidiano do cliente. O acompanhamento contínuo, por sua vez, permite ajustes finos nas afirmações conforme o cliente evolui, mantendo a sintonia entre o estado interno e os objetivos desejados.

A reprogramação mental é, em sua essência, o exercício de assumir o papel de autor da própria narrativa interna. Trata-se de romper com o automatismo do passado, com padrões herdados, e escolher conscientemente que tipo de pensamentos e sentimentos desejamos cultivar. Essa transição exige clareza, repetição e emoção, mas, acima de tudo, exige comprometimento. Cada vez que escolhemos repetir uma nova afirmação, visualizar uma nova realidade ou agir de acordo com uma nova crença, estamos fazendo uma declaração ao nosso cérebro e ao universo: "Isto é quem eu sou agora".

Esse processo não é imediato, mas é cumulativo. Cada repetição é um tijolo colocado na construção de uma nova identidade. Com o tempo, os efeitos começam a se manifestar não apenas internamente — em forma de maior clareza, bem-estar e segurança —, mas também externamente, à medida que começamos a atrair experiências mais alinhadas com nossa nova frequência mental e emocional.

Reprogramar a mente é, literalmente, reescrever o software com o qual operamos o nosso dia a dia. É abandonar a lógica do condicionamento e abraçar a lógica da criação consciente. É sair da sobrevivência automática e entrar no espaço da expansão. É o início de uma nova forma de viver — não mais guiada pelos ecos do passado, mas pela intenção clara de um futuro escolhido.

Capítulo 11
Imaginação Criativa

Após o processo de reprogramação mental, que instala novas crenças no lugar de padrões limitantes, surge a necessidade de dar forma e substância a essas novas ideias. Essa transição entre o abstrato e o concreto é mediada por uma das ferramentas mais poderosas da consciência humana: a imaginação. Longe de ser um mero artifício infantil ou uma atividade sem utilidade prática, a imaginação é uma das funções mais sofisticadas do ser humano. Ela é o laboratório interno onde se modelam os planos, os sonhos e as possibilidades antes que se tornem realidade no plano físico. Todas as criações humanas, das mais simples às mais grandiosas, tiveram início como uma imagem na mente de alguém. Portanto, a imaginação criativa é o elo essencial entre intenção e manifestação.

A imaginação é o idioma pelo qual nossa mente se comunica com o campo quântico — o campo de infinitas possibilidades. Quando utilizamos imagens mentais vívidas para representar aquilo que desejamos, estamos criando uma espécie de mapa energético que serve como orientação para as manifestações futuras. Esse processo não se limita ao campo do pensamento; ele é, na verdade, uma ação energética com consequências reais. Visualizar com clareza e intenção é um modo de enviar ao universo um sinal coerente sobre o que se deseja experienciar.

É importante compreender que a imaginação criativa não é uma experiência passiva, como se estivéssemos assistindo a um filme mental sem envolvimento. Pelo contrário, ela exige participação ativa e consciente. Quando nos engajamos plenamente em uma visualização, ativamos no cérebro as mesmas redes neurais que seriam acionadas caso estivéssemos vivenciando aquela situação no mundo físico. O corpo, por sua vez, responde como se o evento fosse real, desencadeando reações bioquímicas e emocionais correspondentes. Assim, o que imaginamos com clareza e emoção não apenas ocupa espaço em nossa mente — ocupa também o nosso corpo e nossa frequência energética.

Essa prática gera uma espécie de "assinatura vibracional" da realidade desejada. Estamos, literalmente, ensinando o cérebro e o corpo a familiarizarem-se com uma nova experiência, mesmo antes de ela ocorrer. É como ensaiar o futuro com tanta precisão e sentimento que, para o sistema nervoso, ela já começou. E, quando o corpo acredita, ele age em congruência com aquela nova realidade — atraindo pessoas, oportunidades e eventos que correspondem ao padrão vibracional ensaiado.

O segredo que dá poder a essa ferramenta é a fusão entre imagem mental e emoção elevada. Essa união é o coração da prática da imaginação criativa. A imagem, por si só, é o projeto. A emoção, é a energia que dá vida ao projeto. Sem emoção, a visualização é apenas um desenho técnico sem alma. Já com emoção, ela se transforma em um imã vibracional, capaz de influenciar o campo quântico e atrair as condições para sua realização. Quando visualizamos uma conquista e simultaneamente sentimos a alegria, a paz ou a gratidão dessa experiência, estamos emitindo uma frequência coerente com o que desejamos viver. É essa coerência que cria uma ressonância com o campo de possibilidades e acelera a manifestação.

Assim, para que a imaginação seja uma verdadeira ferramenta de criação, é necessário desenvolver o hábito de imaginar com clareza e sentir com intensidade. Não se trata de apenas ver cenas bonitas na mente, mas de mergulhar nelas como se fossem reais. Tornar-se o protagonista da cena imaginada, sentir os detalhes em cada célula, viver a emoção daquela realidade como se ela já estivesse acontecendo — esse é o exercício diário que ensina ao nosso campo energético como se comportar diante do futuro que escolhemos.

Essa prática não apenas nos aproxima de nossos objetivos, mas também transforma nossa relação com o presente. Através da imaginação criativa, passamos a viver de forma mais consciente, menos reativa, mais intencional. Em vez de sermos arrastados pelos condicionamentos e pelas circunstâncias; tornamo-nos cocriadores da realidade, utilizando a mente como ferramenta e a emoção como combustível. Esse é o verdadeiro papel da imaginação: não fugir da realidade, mas moldá-la.

Compreender que a imaginação é uma força criadora também nos obriga a reconhecer sua natureza neutra. Ela amplifica e dá forma a qualquer tipo de energia emocional que a alimenta — positiva ou negativa. Esse aspecto torna a imaginação uma ferramenta poderosa, mas também perigosa, quando usada de forma inconsciente. A maioria das pessoas, mesmo sem perceber, é altamente habilidosa em praticar a imaginação criativa com foco no que teme. Chamamos isso de preocupação.

Preocupar-se é, essencialmente, visualizar mentalmente cenários indesejados, antecipar fracassos, perdas ou conflitos, enquanto se experimenta as emoções negativas que esses cenários evocam — como medo, ansiedade e angústia. Em termos de funcionamento cerebral e energético, não há grande diferença entre visualizar com entusiasmo um objetivo e imaginar com pavor uma catástrofe. Em ambos os casos, o cérebro ativa redes neurais, o corpo responde bioquimicamente e o campo quântico recebe uma vibração coerente com a cena mental. A única diferença está na direção do foco: criação desejada ou manifestação indesejada.

Por isso, a autoconsciência torna-se um componente indispensável da imaginação criativa. Precisamos desenvolver o papel de observadores internos vigilantes. Quando notamos que estamos caindo em um ciclo de preocupações, o passo mais importante é interromper esse fluxo mental com gentileza, sem culpa ou julgamento, e redirecionar o foco para aquilo que realmente desejamos criar. Essa é uma prática diária de presença e escolha consciente, que redefine o uso da imaginação como um aliado, e não como um sabotador.

Para aplicar a imaginação criativa de maneira estruturada e intencional, dispomos de ferramentas práticas que ajudam a direcionar e fortalecer esse processo criativo. Dentre elas, destacam-se:

- Quadros de visualização (vision boards): Trata-se de painéis compostos por imagens, palavras e símbolos que representam os objetivos e sentimentos que se deseja manifestar. Criar um vision board é uma forma de externalizar a visão interna, materializando-a em um objeto visual que estimula constantemente a mente. Ao olhar para esse painel todos os dias e se conectar emocionalmente com as imagens ali representadas, reforçamos o padrão vibracional associado aos nossos desejos.
- Roteiros mentais: São narrativas detalhadas que descrevem, em primeira pessoa e no tempo presente, uma cena específica onde o objetivo já foi alcançado. Esses roteiros podem ser escritos e depois mentalmente encenados como um diretor de cinema ensaiando uma cena. Essa prática ajuda a dar coesão, profundidade e continuidade à visualização, além de estimular o cérebro a se envolver com a história criada como se fosse real.
- Meditações guiadas: As meditações guiadas direcionam a mente a um estado de relaxamento profundo, o que facilita o acesso ao subconsciente. Durante esses momentos, a capacidade de visualizar se torna mais vívida e sensível, permitindo que a imaginação opere com maior impacto. Guiar a mente

por paisagens internas, cenas de conquista, cura ou transformação, permite que essas experiências sejam codificadas como memórias internas, mesmo que ainda não tenham ocorrido fisicamente.

Uma prática fundamental que reúne os princípios da visualização criativa é o exercício do filme mental. Ele é um verdadeiro treinamento para a mente criadora e segue um roteiro simples, mas profundo:

1. Encontre um local tranquilo, onde não será interrompido. Sente-se ou deite-se de forma confortável, garantindo um ambiente propício ao relaxamento e à concentração.

2. Feche os olhos e respire profundamente algumas vezes. Essa respiração consciente ajuda a acalmar o corpo, desacelerar os pensamentos e preparar a mente para a visualização.

3. Escolha um objetivo claro. Em vez de pensar sobre ele em termos abstratos, comece a construir uma cena curta que represente esse objetivo já realizado.

4. Adicione detalhes sensoriais à cena. Visualize as cores, as formas, os rostos, os ambientes. Ouça os sons, sinta os aromas, perceba a textura das superfícies e a temperatura do ambiente. Quanto mais sensorial a cena, mais eficaz será a resposta do cérebro e do corpo.

5. Mergulhe nas emoções da realização. Sinta como se estivesse vivendo o momento. Alegria, alívio, orgulho, gratidão — essas emoções são o combustível da criação vibracional. Permita-se sentir plenamente, sem restrição.

6. Permaneça nesse estado por pelo menos dez minutos. Quanto mais tempo e qualidade emocional você dedicar à prática, mais forte será o sinal emitido ao campo quântico.

Esse exercício, praticado diariamente, fortalece a conexão entre mente, emoção e realidade desejada. Torna-se um ritual de alinhamento vibracional e uma âncora interna que nos mantém conectados àquilo que estamos cocriando.

Como complemento ao exercício do filme mental, a criação de um vision board quântico é uma prática que ancora a intenção no espaço físico, reforçando o vínculo entre o mundo interno e o externo. Essa técnica atua como um lembrete visual diário dos objetivos e sentimentos que desejamos manifestar, funcionando como um portal que estimula constantemente a imaginação criativa.

Para construir o seu vision board, siga estes passos:

1. Reserve um tempo dedicado à busca e seleção de imagens que representem os seus objetivos e os sentimentos que deseja vivenciar. Você pode utilizar revistas, fotografias, desenhos ou imagens impressas da internet. O critério principal não é a estética, mas a ressonância emocional que cada imagem desperta.

2. Organize essas imagens em um painel de forma agradável e inspiradora para você. A disposição deve gerar prazer visual e criar uma narrativa simbólica da sua visão de futuro. Use também palavras, frases ou afirmações que ressoem com as emoções que você deseja cultivar.

3. Coloque o vision board em um local onde você possa vê-lo todos os dias. Pode ser no quarto, no escritório, ou em qualquer lugar estratégico. O importante é que ele esteja visível com frequência, para que o estímulo visual seja constante.

4. Mais do que apenas olhar para o painel, reserve momentos diários para se conectar emocionalmente com o que ele representa. Ao observar cada imagem, evoque os sentimentos de gratidão, alegria ou realização como se aquilo já estivesse presente em sua vida. Essa conexão emocional é o que transforma o vision board em uma ferramenta de manifestação, e não apenas em uma colagem decorativa.

Essa prática tem o efeito de manter a mente sintonizada com as intenções criativas, ajudando a interromper ciclos de dúvida, medo ou distração. Ao alimentar diariamente a mente com imagens e sentimentos coerentes com os objetivos desejados, fortalecemos o campo vibracional necessário para atrair experiências compatíveis.

No contexto terapêutico, a imaginação criativa também possui aplicações poderosas. Guiar clientes em visualizações dirigidas permite acessar conteúdos profundos do inconsciente, curar traumas e reprogramar padrões emocionais. Por exemplo, um terapeuta pode conduzir uma pessoa a revisitar mentalmente uma situação dolorosa do passado e, através da visualização, ressignificá-la, trazendo novos recursos e interpretações. Da mesma forma, pode-se preparar mentalmente um cliente para um desafio futuro — uma apresentação pública, uma conversa difícil, uma entrevista —, ensaiando visualmente um desfecho positivo.

Essas visualizações terapêuticas geram segurança interna, reduzem a ansiedade e preparam o corpo e a mente para agir de forma alinhada com a intenção. Quando realizadas em grupo, essas práticas criam um campo sinérgico, onde as intenções coletivas se reforçam mutuamente. A energia gerada por várias pessoas imaginando com clareza e emoção um objetivo comum potencializa o campo vibracional e amplia as chances de manifestação.

Portanto, a imaginação não é apenas uma capacidade mental, mas uma ponte entre o mundo interno e externo, entre o desejo e a manifestação. Utilizada com consciência, ela se torna a chave para acessar realidades antes inacessíveis. Não é uma fuga da realidade, como muitas vezes é rotulada, mas a forma mais elevada de criá-la.

Cada vez que fechamos os olhos para visualizar um futuro possível, estamos emitindo um sinal. Cada emoção sentida nesse processo é um impulso energético que reverbera no campo quântico. E quanto mais intensa e coerente for essa emissão, maior a sua capacidade de moldar o mundo ao nosso redor.

Imaginar, portanto, não é sonhar acordado. É construir intencionalmente. É ensaiar o futuro, até que ele se torne presente.

Capítulo 12
Frequência Pessoal

Ao longo desta jornada, ficou claro que nossos pensamentos, emoções, crenças, palavras e hábitos não são eventos isolados, mas componentes interligados que, juntos, formam uma frequência única e pessoal. Essa frequência é o campo energético que cada indivíduo emite constantemente, moldando a forma como interage com o mundo e, principalmente, o que atrai para si. É o reflexo da nossa identidade vibracional em tempo real. Compreender isso nos coloca frente a uma grande responsabilidade e, ao mesmo tempo, diante de uma enorme possibilidade: a de aprender a gerenciar conscientemente nossa vibração para cocriar a realidade desejada.

Esse campo vibracional individual é o que chamamos de frequência pessoal. Ele representa o nosso estado de ser predominante — não apenas o que pensamos pontualmente, mas a média energética de quem estamos sendo. Cada emoção sentida com frequência, cada pensamento cultivado diariamente, cada palavra repetida e cada atitude tomada influencia e define esse campo. Portanto, a frequência pessoal não é algo estático, mas sim um reflexo dinâmico da qualidade da nossa presença e consciência no mundo.

Para entender melhor, imagine a frequência pessoal como o tom vibracional de um instrumento musical. De acordo com o princípio da ressonância, dois instrumentos afinados na mesma nota tendem a vibrar juntos. Do mesmo modo, a nossa frequência age como um diapasão energético, atraindo para a nossa experiência pessoas, situações e oportunidades que ressoam na mesma sintonia. Isso significa que a vida não nos responde apenas com base no que desejamos conscientemente, mas com base no que vibramos constantemente.

Se nossa vibração predominante estiver alinhada com escassez, medo, crítica ou frustração, tenderemos a perceber e atrair mais circunstâncias que confirmem esse padrão. Por outro lado, se cultivarmos estados de gratidão, amor, clareza e alegria, a vida começa a refletir essas qualidades de forma quase natural. O universo não entrega aquilo que pedimos com palavras, mas sim aquilo que emitimos com constância e coerência emocional.

É importante ressaltar que essa frequência pessoal está em constante oscilação. Ela varia ao longo do dia, influenciada por inúmeros fatores internos e externos. O estresse, por exemplo, é um dos principais redutores de frequência. Quando vivemos em estado de tensão contínua, nossos sistemas biológicos operam sob pressão, o que nos arrasta para estados vibracionais densos. Padrões de pensamento negativos, como o pessimismo e o julgamento, também atuam como âncoras que mantêm nossa vibração em níveis mais baixos.

Além disso, fatores físicos — muitas vezes negligenciados — têm grande impacto sobre nossa frequência. Uma alimentação pobre em nutrientes, a falta de movimento corporal, a privação de sono e o consumo constante de conteúdos tóxicos (como notícias negativas ou redes sociais carregadas de conflito) drenam energia vital e rebaixam o nosso campo vibracional. Somos organismos bioelétricos, e tudo o que nos afeta fisicamente tem repercussões diretas em nossa frequência energética.

Felizmente, o oposto também é verdadeiro. Existem práticas e atitudes que naturalmente elevam nossa frequência pessoal. Entre elas, destaca-se a gratidão — uma emoção simples, mas profundamente transformadora. Quando somos gratos, mesmo diante de desafios, nos conectamos a um campo vibracional de abundância, reconhecendo o valor do que já temos. Essa vibração abre espaço para que mais do mesmo entre em nossa vida.

Outras emoções elevadoras incluem o amor, a compaixão e o perdão. Essas frequências dissolvem ressentimentos e curam estados de separação e carência. O autocuidado, por sua vez, também desempenha papel essencial. Cuidar do corpo, descansar adequadamente, alimentar-se com consciência e movimentar-se com prazer são formas de demonstrar amor próprio e manter o corpo como um canal limpo e receptivo à energia vital.

Práticas como a meditação, o contato com a natureza, a escuta de músicas elevadas e a convivência com pessoas inspiradoras funcionam como reabastecedores energéticos. Elas nos realinham com um estado de ser mais leve, presente e conectado com a essência.

Desenvolver uma mente quântica, portanto, é mais do que compreender conceitos intelectualmente. É, sobretudo, um exercício de estabilização vibracional. Trata-se de criar uma nova norma interna, um novo padrão de frequência, onde a elevação não seja um pico esporádico, mas um estado sustentado. E esse trabalho não depende de grandes revoluções, mas de escolhas conscientes, repetidas com consistência.

A manutenção de uma frequência pessoal elevada exige vigilância, consistência e, acima de tudo, autoconsciência. Não se trata de evitar emoções difíceis ou fingir otimismo constante, mas sim de desenvolver a habilidade de identificar, acolher e transmutar estados vibracionais mais densos. Isso só é possível quando nos tornamos observadores atentos do nosso próprio campo interno — reconhecendo os sinais do corpo, as flutuações do humor e os padrões de pensamento que surgem ao longo do dia.

Como não temos um "medidor físico" que nos diga com exatidão em que frequência estamos vibrando, aprendemos a aferir nossa vibração subjetivamente, por meio de dois indicadores altamente confiáveis: o nosso estado emocional predominante e os nossos níveis de energia vital.

As emoções são como bússolas vibracionais. Sentimentos de paz, entusiasmo, amor, alegria e gratidão indicam que estamos vibrando alto, em coerência com estados expandidos de consciência. Já emoções como irritação, ansiedade, medo, apatia e tristeza apontam que nossa frequência está mais baixa, em estados de contração. Da mesma forma, a vitalidade física — aquela sensação de disposição, clareza e força — é reflexo direto da frequência vibracional. Quando estamos energeticamente alinhados, nosso corpo se sente vivo, criativo e resiliente. Quando estamos desalinhados, a energia se torna pesada, arrastada, e tudo parece mais difícil.

A meta não é permanecer permanentemente em estados elevados, o que seria irrealista e até desumano. A verdadeira prática está em desenvolver agilidade emocional, ou seja, a capacidade de voltar rapidamente ao centro, mesmo após momentos de queda. Para isso, a criação de hábitos de elevação vibracional torna-se essencial. Transformar práticas simples em rotinas conscientes permite que, com o tempo, nossa linha de base vibracional se eleve de forma sustentável.

É aqui que entra o diário de frequência, uma ferramenta prática e poderosa de autoconsciência vibracional. Trata-se de um registro diário que nos ajuda a monitorar, entender e direcionar nossa energia pessoal ao longo do tempo. A estrutura é simples, mas profundamente reveladora:

1. Logo ao acordar, antes mesmo de sair da cama, avalie o seu estado energético geral numa escala de 0 a 10. Não racionalize demais: sinta e anote o número. Isso cria um ponto de partida honesto para o dia.

2. Durante o dia, observe seus pensamentos e emoções predominantes. Tome notas mentais (ou

escritas) dos padrões que surgirem com mais frequência. Isso permitirá identificar gatilhos, tendências e até situações que contribuem para elevação ou queda de frequência.

3. Sempre que perceber um declínio na sua energia ou humor, aplique intencionalmente uma técnica de realinhamento. Pode ser algo simples: uma respiração profunda, escutar uma música inspiradora, caminhar por alguns minutos, fazer uma breve meditação, ou até mesmo pronunciar uma afirmação positiva em voz alta.

4. Antes de dormir, reavalie seu estado energético na mesma escala de 0 a 10. Compare com o número da manhã. Pergunte-se: "O que contribuiu para essa mudança?" Com o tempo, esse hábito ajuda a mapear o que realmente funciona para você.

5. Repita esse processo por 21 dias, que é o tempo recomendado para consolidar novos hábitos. Ao final, reveja seus registros e observe os padrões. Você poderá perceber não apenas uma evolução numérica, mas também uma mudança na qualidade dos seus pensamentos, nas suas reações emocionais e na sua capacidade de autorregulação.

Esse diário não é apenas um instrumento de monitoramento, mas também uma ferramenta de empoderamento. Ele nos ensina que somos capazes de escolher a vibração que sustentamos, mesmo diante de circunstâncias externas desafiadoras. Cada pequena escolha conta. Escolher não se envolver em uma discussão, escolher agradecer ao invés de reclamar, escolher respirar antes de reagir — cada uma dessas atitudes é um ato consciente de elevação vibracional.

Para momentos em que a queda de frequência é repentina e mais intensa, o exercício de elevação instantânea pode funcionar como um verdadeiro "kit de emergência energética". Esse exercício une movimento, respiração, música e intenção para provocar uma mudança rápida e tangível no estado emocional e físico:

1. Coloque para tocar uma música que você ama e que tenha uma energia positiva e contagiante.
2. De pé, feche os olhos e inspire profundamente pelo nariz e expire pela boca três vezes, soltando toda a tensão acumulada.
3. Coloque um sorriso no rosto — mesmo que inicialmente pareça artificial. O próprio movimento dos músculos faciais já começa a alterar os sinais enviados ao cérebro.
4. Mova o corpo com liberdade. Dance, estique-se, salte se quiser. Não se preocupe com estética. O objetivo é ativar a energia vital e dissolver estagnações.
5. Ao final, pare por um instante, feche os olhos e perceba como seu estado mudou. Sinta a diferença na leveza, no humor e na clareza mental.

Essa prática simples pode ser feita em qualquer momento do dia e torna-se uma aliada poderosa na gestão da sua frequência.

A frequência pessoal é o reflexo mais autêntico de quem somos em cada instante. É a vibração que emitimos para o universo, e, por consequência, é também aquilo que o universo nos devolve. Quando tomamos consciência desse princípio, compreendemos que o maior poder que temos em mãos não é o controle sobre os acontecimentos externos, mas sim a capacidade de nos mantermos alinhados com o estado vibracional que desejamos experienciar.

Esse entendimento é particularmente valioso no campo terapêutico. Ensinar um cliente a monitorar e gerenciar sua frequência pessoal é oferecer uma ferramenta de autodomínio, uma chave para que ele não dependa exclusivamente de sessões ou intervenções externas para se sentir bem. Ao aprender a reconhecer seus padrões emocionais e vibracionais, o indivíduo ganha autonomia para agir sobre si mesmo com responsabilidade, sensibilidade e eficácia.

Grupos de prática coletiva, como meditações em grupo, danças conscientes ou rodas de gratidão, são estratégias que fortalecem esse processo. A razão é simples: a energia coletiva amplifica a vibração individual. Quando várias pessoas se reúnem com uma intenção comum, seus campos energéticos se entrelaçam e formam uma ressonância que eleva a todos. Essa dinâmica é particularmente poderosa porque ajuda a estabilizar estados de consciência mais elevados por meio do apoio mútuo. Nesses encontros, emoções como empatia, alegria, pertencimento e amor são amplificadas, gerando uma elevação vibracional que seria difícil de alcançar individualmente em pouco tempo.

Esse tipo de vivência também ensina que a vibração não é uma questão apenas individual, mas coletiva. O estado de ser de uma única pessoa pode influenciar significativamente o ambiente ao seu redor. Um indivíduo que mantém uma frequência elevada de maneira estável se torna um “ponto de coerência” no seu meio, ajudando a elevar naturalmente a vibração de todos que com ele interagem. É por isso que ambientes harmoniosos são aqueles habitados por pessoas que cultivam estados internos de equilíbrio, presença e amor.

Assumir o papel de guardião da própria frequência é um compromisso diário. Isso implica cuidar do corpo, da mente e das emoções com consciência e intenção. Significa escolher o que assistir, o que ouvir, com quem conviver, como falar consigo mesmo, o que tolerar e, principalmente, como reagir aos eventos da vida. Não há neutralidade vibracional: tudo influencia, tudo deixa uma marca.

Portanto, cada escolha que fazemos — desde a qualidade dos nossos pensamentos até a alimentação, desde as palavras que usamos até a forma como lidamos com o outro — é uma declaração energética de quem estamos sendo. E, por consequência, é um sinal que enviamos ao universo. Se esse sinal for de gratidão, leveza e confiança, o universo responde com mais experiências que confirmam essa vibração. Se o sinal for de medo, resistência ou julgamento, a realidade tende a ecoar esses mesmos tons.

A prática vibracional não é sobre perfeição, mas sobre constância. Pequenos rituais diários têm grande impacto acumulado: alguns minutos de silêncio pela manhã, uma pausa consciente no meio do dia, um sorriso intencional, uma respiração profunda antes de responder, um momento de gratidão antes de dormir. Essas atitudes simples são como ajustes finos em um instrumento: mantêm a afinação da nossa frequência pessoal com o que queremos viver.

Em última instância, a frequência pessoal é o nosso endereço no universo quântico. É através dela que somos localizados pelas oportunidades, sincronicidades, pessoas e eventos que correspondem à nossa vibração. Ela não mente, não disfarça e não engana. Enquanto o pensamento pode racionalizar e as palavras podem mascarar, a frequência é o que somos de verdade — e é a partir dela que o universo responde.

Ser o guardião consciente da própria vibração é, portanto, mais do que um ato de autocuidado. É um ato de criação intencional. É a manifestação viva do princípio quântico de que não atraímos o que queremos, mas sim o que somos.

Capítulo 13
Campo Unificado

Após uma profunda jornada de autodescoberta e transformação interior, em que aprendemos a reprogramar nossa mente, gerenciar nossas crenças, emoções e frequência pessoal, somos agora convidados a expandir nossa percepção além do eu individual. Entramos no território do Campo Unificado, uma dimensão da realidade que transcende as fronteiras da identidade pessoal e nos revela uma verdade essencial: tudo está interligado.

A nossa frequência pessoal, embora pareça um fenômeno individual, não opera no vácuo. Ela se propaga como uma onda em um vasto oceano energético, interagindo com outras frequências e contribuindo para o padrão vibracional coletivo. Esse oceano é o Campo Unificado — uma matriz cósmica de energia e informação que está em toda parte, permeando todas as coisas. É nele que nossas intenções, emoções e pensamentos navegam, encontrando ressonância e criando conexões com tudo o que existe.

O Campo Unificado pode ser compreendido como a essência invisível de onde tudo emerge. Ele é tanto a fonte de toda matéria quanto da própria consciência. Não é um vazio inerte, mas sim um vácuo quântico cheio de potencial, repleto de possibilidades ainda não manifestas. Tudo o que é visível e invisível — desde as galáxias e os organismos vivos até os nossos pensamentos e sentimentos — são expressões variadas dessa mesma energia fundamental.

Essa visão rompe com a ideia clássica de um universo composto por objetos separados, mostrando que, em seu nível mais básico, a realidade é uma unidade indivisível. Cada partícula, cada átomo, cada célula do nosso corpo está conectada com todas as outras formas de existência. Somos como ondas diferentes que se formam na superfície do mesmo oceano. O que afeta uma parte, afeta o todo.

Essa compreensão não é apenas uma especulação metafísica. Ela é respaldada por algumas das mais avançadas teorias da física moderna, que buscam encontrar uma única equação — uma "Teoria do Campo Unificado" — capaz de explicar todas as forças e fenômenos do universo como manifestações de um único campo. Einstein dedicou os últimos anos de sua vida a essa busca. Ao mesmo tempo, as tradições espirituais e filosóficas mais antigas do mundo já intuíram essa verdade em sua própria linguagem: o Hinduísmo chama essa unidade de Brahman; o Taoísmo a denomina Tao; e em diversas correntes filosóficas, é chamada de Mente de Deus ou Consciência Cósmica.

O ponto essencial é que a mente quântica não se contenta em entender esse campo como uma teoria — ela deseja vivenciá-lo. Mover essa verdade da cabeça para o coração é o grande salto da consciência. Quando sentimos, em nossa própria experiência, que estamos conectados com tudo, que nossas ações, emoções e pensamentos reverberam no tecido do universo, passamos a viver com um novo senso de responsabilidade, reverência e propósito.

Essa interconexão nos leva à compreensão de que não existe um "eu" separado do "outro". A separação é uma ilusão criada pelos sentidos e reforçada pelo ego. Em essência, cada ser humano é um ponto de expressão da consciência universal. O que pensamos ou fazemos afeta não apenas nossa realidade, mas também a realidade dos outros — e vice-versa. Cada escolha individual reverbera no coletivo. Cada cura pessoal é uma contribuição para a cura do mundo.

Portanto, elevar a nossa frequência, cultivar intenções puras e viver em alinhamento com valores elevados não é apenas um ato de autocuidado, mas um serviço ao todo. Quando vibramos amor, compaixão, gratidão e alegria, estamos nutrindo o Campo Unificado com essas qualidades. Estamos literalmente colaborando para a elevação vibracional do planeta.

Essa perspectiva muda radicalmente a forma como vemos a manifestação. Em vez de tentar impor nossa vontade ao universo, aprendemos a cooperar com o campo, sintonizando nossa vibração com a inteligência universal. Passamos a confiar que, quando nossa frequência está alinhada e nossa intenção é clara, o campo se encarrega de organizar os detalhes, trazendo até nós as pessoas, situações e oportunidades necessárias de maneira natural, fluida e perfeita.

Compreender o Campo Unificado como uma teia cósmica de interconexão nos conduz a uma mudança fundamental de postura: da separação para a unidade, do controle para o alinhamento, da imposição para a colaboração vibracional. Essa mudança redefine o próprio conceito de manifestação, que deixa de ser um esforço para "forçar" a realidade a se moldar aos nossos desejos, e passa a ser uma dança harmoniosa com o campo, baseada em ressonância vibracional e confiança na inteligência universal.

Quando elevamos nossa frequência para estados de gratidão, amor, compaixão e paz, e combinamos isso com uma intenção clara, coerente e desprendida, criamos um ambiente interno altamente ressonante com o campo. Essa coerência entre o que sentimos, pensamos e desejamos é o que permite a sincronicidade — aquela série de coincidências significativas que nos guiam, sem esforço, em direção à realização de nossos propósitos. Neste estado de alinhamento, deixamos de agir apenas com base na força da vontade pessoal e começamos a operar pela força da congruência vibracional.

É importante destacar que trabalhar com o campo exige rendição e escuta. Rendição, aqui, não significa passividade ou resignação, mas sim um abandono da compulsão por controle absoluto. Trata-se de confiar na sabedoria do campo para conduzir o processo de manifestação da forma mais elevada e apropriada, muitas vezes além daquilo que conseguimos imaginar. Escuta, por sua vez, é a prática de abrir espaço interior para perceber os sinais, as inspirações, os chamados sutis que vêm do campo. O campo está sempre respondendo às nossas emissões, mas para receber essa resposta, precisamos silenciar o ruído do ego e da ansiedade.

Essa nova relação com a manifestação — baseada em ressonância e confiança — nos aproxima também de uma ética quântica. Se tudo está conectado, então toda intenção, pensamento ou ação tem impacto sobre o todo. Não existe um "fora" separado do "dentro", nem um "outro" totalmente distinto de "mim". A energia que emitimos retorna porque somos parte do mesmo sistema. Assim, prejudicar alguém, manipular situações ou gerar desarmonia é, inevitavelmente, criar um campo que nos afetará em algum nível.

A ética quântica, portanto, se baseia não em regras impostas externamente, mas em compreensão vibracional e responsabilidade energética. Cultivar intenções puras, agir com integridade, respeitar a vida em todas as suas formas e contribuir para o bem-estar coletivo torna-se uma escolha natural quando reconhecemos a unidade essencial de todas as coisas. Esse tipo de consciência não apenas transforma nossas relações, mas redefine o propósito da nossa existência.

Para vivenciar diretamente essa interconexão com o Campo Unificado, existem práticas que ajudam a transcender a percepção limitada do ego e a experimentar a sensação de unidade. Algumas das mais eficazes incluem:

- Meditação silenciosa: Ao aquietar a mente, tornamo-nos sensíveis às sutilezas do campo. O silêncio interno nos permite sentir a energia que nos permeia, nos atravessa e nos conecta a tudo. É no espaço entre os pensamentos que o campo se revela.

- Contemplação da natureza: Observar uma floresta, um rio, o céu ou mesmo uma simples flor nos reconecta com a inteligência que organiza a vida. A natureza opera em harmonia com o campo e nos lembra, intuitivamente, que somos parte dessa ordem superior.
- Gratidão expandida: Ao movermos nossa gratidão do pessoal para o universal, entramos em contato com uma emoção profunda de reverência pela própria existência. Ser grato pela vida, pelo sol, pela consciência, amplia nossa perspectiva e nos realinha com o todo.
- Serviço altruísta: Agir em benefício do outro, sem expectativa de retorno, dissolve as fronteiras do ego. Ajudar alguém, cuidar de um animal, plantar uma árvore, contribuir com a comunidade — todas essas ações nos reconectam com o fluxo do campo e ativam em nós o sentido de propósito.

Essas práticas, quando incorporadas de forma regular, ampliam nossa percepção da vida e fortalecem nossa conexão com o Campo Unificado. Elas nos tiram da lógica da separação e nos conduzem a um estado de integração profunda com a teia invisível da existência. Nesse estado, a vida deixa de ser uma batalha por controle e passa a ser uma expressão de harmonia e colaboração.

Para aprofundar ainda mais a conexão com o Campo Unificado e experimentar, de forma direta, essa consciência de unidade, existem práticas específicas que nos ajudam a dissolver os limites da percepção individual e mergulhar no sentimento de interser. Uma delas é a meditação no campo, uma prática poderosa que leva o praticante a transcender a sensação de separação e a sentir-se como parte integrante de uma consciência maior.

Veja como aplicá-la:

1. Sente-se de maneira confortável, feche os olhos e respire profundamente algumas vezes. Concentre-se na respiração, permitindo que o corpo relaxe progressivamente.
2. Tome consciência do espaço que o seu corpo ocupa. Sinta seus contornos, o peso do seu corpo apoiado na cadeira ou no chão.
3. Depois, direcione sua atenção para o espaço ao redor do seu corpo. Perceba o ar, os sons distantes, a energia sutil presente no ambiente.
4. Agora, imagine que os limites do seu corpo começam a se dissolver suavemente. Sua pele já não é uma barreira, e você começa a sentir-se parte do espaço ao seu redor.
5. Expanda essa sensação, visualizando-se como uma consciência sem forma, fundida com a energia do ambiente, da cidade, do planeta e, por fim, do cosmos inteiro. Permaneça nesse estado por pelo menos dez minutos, permitindo-se sentir a plenitude de ser parte de tudo.

Essa meditação não apenas acalma e expande a consciência, mas também fortalece a percepção intuitiva de que a separação é uma ilusão. Quanto mais essa prática é repetida, mais natural se torna a experiência de unidade com o todo, diminuindo o senso de isolamento e ampliando a empatia e a compaixão.

Além disso, quando queremos utilizar o Campo Unificado como um meio para potencializar nossas intenções, podemos aplicar o exercício de expansão da intenção no campo. Trata-se de mover a intenção do âmbito pessoal para o coletivo, elevando-a de um desejo individual para um serviço ao todo. Veja como realizar essa prática:

1. Escolha uma intenção clara e positiva, como "paz", "cura", "clareza" ou "amor".
2. Entre em estado meditativo e visualize essa intenção como uma semente de luz em seu coração.
3. Ao inspirar, imagine que você está absorvendo uma luz dourada e pura diretamente do campo unificado. Essa luz carrega sabedoria, força e consciência cósmica.
4. Ao expirar, visualize essa semente de luz florescendo no centro do seu peito, e sua intenção se expandindo em ondas luminosas que irradiam para todo o planeta.
5. Finalize com um sentimento profundo de gratidão. Não por receber algo, mas por ter tido a oportunidade de contribuir com a energia do todo.

Essa prática transforma o ato de manifestar em uma experiência de colaboração cósmica. Deixa de ser um pedido para se tornar uma oferta: ao doar a nossa vibração, ao intencionar o bem com sinceridade, ativamos forças que retornam multiplicadas, mas sem a ansiedade do retorno.

Para terapeutas, guiar clientes por essas experiências é oferecer um antídoto poderoso contra sentimentos de solidão, desconexão e desamparo. Ao facilitar a vivência da unidade, o profissional amplia a consciência do cliente, o ajuda a sair da prisão do eu limitado e o conduz a um espaço de maior pertencimento e reverência pela vida. Meditações de unidade, visualizações cósmicas e práticas de reconexão com a natureza são recursos valiosos nesse sentido.

O desenvolvimento da mente quântica, afinal, não é apenas uma jornada de autoconhecimento ou expansão de potencial. É, acima de tudo, um retorno à fonte — à lembrança de que somos manifestações temporárias de uma mesma consciência eterna. A ilusão da separação, tão reforçada pela cultura do ego e da competição, se dissolve à luz da percepção quântica, revelando a verdade que sempre esteve ali: somos um.

Somos expressões únicas, mas inseparáveis, de um mesmo campo. E quanto mais alinhados estivermos com essa consciência de unidade, mais coerente, fluida e significativa será a nossa experiência de vida. A mente quântica não é apenas uma nova forma de pensar; é uma nova forma de ser no mundo.

Capítulo 14
Sincronicidade

À medida que mergulhamos cada vez mais fundo na compreensão do Campo Unificado e aprendemos a gerenciar nossa frequência pessoal de maneira consciente, um fenômeno surpreendente começa a se destacar com mais clareza e regularidade: a sincronicidade. Não se trata de simples coincidências aleatórias, mas de acontecimentos carregados de significado, que parecem estar misteriosamente entrelaçados com o nosso mundo interior. A sincronicidade é como um sutil sussurro do universo, revelando que estamos em diálogo direto com a inteligência do campo.

O termo "sincronicidade" foi cunhado pelo psicólogo Carl Jung, que observou que certos eventos ocorrem de forma simultânea e significativa, sem que haja uma relação de causa e efeito evidente. Esses eventos desafiam a lógica tradicional e linear, porque não se explicam por uma sequência causal direta. Por exemplo, pensar em alguém que você não vê há anos e, pouco depois, essa pessoa entra em contato com você. Ou refletir sobre uma questão profunda e, ao sair de casa, ver uma frase escrita em um muro que parece trazer exatamente a resposta que você precisava.

A mente racional, presa a uma visão de mundo mecanicista, tende a rotular esses acontecimentos como "mera coincidência". No entanto, quando operamos a partir da consciência quântica, a sincronicidade ganha uma nova interpretação: ela é a linguagem simbólica do Campo Unificado. É o campo respondendo à nossa vibração, refletindo nossos estados internos, nossas intenções, dúvidas e decisões em forma de eventos no mundo externo. Não é mágica nem acaso místico, mas sim uma manifestação direta do princípio da interconexão que permeia toda a realidade.

A sincronicidade ocorre quando há ressonância entre o microcosmo da consciência pessoal e o macrocosmo do universo. Ela é um reflexo vibracional da nossa frequência dominante, um indicativo de que estamos sintonizados com o fluxo maior da vida. E, quando começa a acontecer com frequência, é sinal de que estamos nos alinhando mais profundamente com o campo, vivendo de forma mais coerente, mais desperta, mais conectada.

Mas é importante destacar: nem todo evento incomum ou inesperado é uma sincronicidade real. Para reconhecer uma sincronicidade genuína, é essencial desenvolver discernimento. O principal diferencial está na sensação subjetiva que o evento provoca. Uma sincronicidade autêntica carrega uma qualidade especial: um arrepio, uma pausa, um sentimento interno de que "aquilo era para mim". É uma sensação de significado profundo, um encaixe perfeito entre o interno e o externo. Não é apenas coincidência temporal — é ressonância emocional e simbólica.

Existe, claro, um risco em cada extremo: podemos ser excessivamente céticos e, com isso, ignorar sinais importantes do universo; ou podemos ser excessivamente crédulos, interpretando qualquer evento corriqueiro como um sinal divino, o que nos leva à superstição. A mente quântica madura caminha com equilíbrio, mantendo-se aberta aos sinais sem perder o senso crítico e a lucidez. É uma escuta atenta, mas fundamentada na auto-observação e no autoconhecimento.

Conforme cultivamos essa consciência, começamos a notar padrões. A sincronicidade não se limita a eventos grandiosos; ela se manifesta em detalhes, em repetições simbólicas, em pequenas orquestrações que revelam uma ordem inteligente agindo por trás do aparente caos. São esses sinais que nos mostram que a vida é um diálogo constante — e que, quanto mais alinhados estivermos com nosso propósito e com nossa frequência elevada, mais esse diálogo se torna fluido, constante e revelador.

Com o tempo e a prática, desenvolvemos uma maior sensibilidade para reconhecer os sinais que o universo nos envia. Esses sinais sincrônicos podem se manifestar das mais diversas formas, muitas vezes discretas, mas carregadas de significado pessoal. Quando começamos a prestar atenção, percebemos que o campo nos responde constantemente, e que há uma inteligência simbólica em operação, usando os elementos do cotidiano como linguagem.

Entre as formas mais comuns de manifestação da sincronicidade, destacam-se:

- Números repetidos: Sequências como 11:11, 22:22 ou 333 surgem repetidamente em relógios, placas, recibos ou telas de dispositivos. Para muitos, esses padrões numéricos funcionam como sinais de alinhamento, portais de atenção, momentos em que o campo "pisca" para nós dizendo: "Você está no caminho".
- Sonhos premonitórios: Ter um sonho vívido com uma pessoa ou situação e, pouco depois, ver essa mesma cena se desenrolar na vida real é uma das formas mais potentes de sincronicidade. O campo muitas vezes nos comunica através do inconsciente, quando a mente racional está em repouso.
- Encontros inesperados: Estar em um lugar fora do habitual e, por acaso, encontrar alguém que tem exatamente a resposta, o contato, a informação ou a oportunidade que você precisava. Essas "coincidências" não são tão casuais quanto parecem.
- Palavras, frases ou símbolos recorrentes: Quando uma mesma palavra, expressão, imagem ou símbolo começa a aparecer com frequência incomum em diferentes contextos — em uma conversa, em um livro, em uma música, em uma propaganda —, é provável que ali haja uma mensagem a ser decodificada.

Para que essas manifestações deixem de ser apenas eventos isolados e se tornem um mapa de orientação interna, precisamos desenvolver atenção plena e um método de registro. Por isso, a prática do diário de sincronicidade é uma das ferramentas mais eficazes para aprofundar essa relação com o campo:

1. Separe um caderno exclusivo para esse propósito. Este diário será um espaço sagrado onde você documentará os eventos que fogem da lógica comum, mas que carregam um impacto emocional ou simbólico.
2. Registre todos os detalhes sempre que perceber uma coincidência significativa. Anote a data, o horário, o local, o que estava fazendo ou pensando momentos antes, a descrição do evento e, principalmente, o sentimento que ele provocou em você.
3. Mantenha o hábito de revisar o diário semanalmente. Ao reler seus registros, você começará a enxergar padrões, recorrências e conexões entre os eventos. Isso ampliará sua capacidade de interpretação e fortalecerá sua confiança na comunicação com o campo.
4. Reflita com profundidade sobre os significados simbólicos dos eventos. Pergunte-se: "O que isso representa para mim?" ou "O que esse símbolo me convida a perceber, mudar ou integrar?" A sincronicidade não responde literalmente; ela sugere, convida, desperta.
5. Observe as relações entre as sincronicidades e os seus estados vibracionais. Momentos de maior coerência emocional, gratidão ou presença costumam ser seguidos por mais sincronicidades. Isso evidencia a natureza vibracional da comunicação com o campo.

Além disso, se quisermos participar ativamente desse diálogo, podemos recorrer ao exercício da pergunta ao campo, uma prática simples e poderosa para solicitar orientação:

1. Entre em estado meditativo, aquiete sua mente e formule uma pergunta clara e significativa. Pode ser sobre um relacionamento, uma decisão importante ou um aspecto da vida que esteja em transição.

2. Mentalize essa pergunta como se estivesse entregando-a ao universo. Sinta que ela foi recebida pelo campo, sem ansiedade por uma resposta imediata. Confie que ela já está em circulação.

3. Durante os próximos três dias, mantenha uma postura de atenção relaxada. Observe o que chega até você: conversas, imagens, sinais, intuições, sonhos. Não force interpretações; apenas anote o que ressoar.

4. Após esse período, revise suas anotações e procure o fio condutor. Muitas vezes, a resposta não virá como uma afirmação direta, mas como uma nova perspectiva, uma expansão de consciência sobre a situação.

Essa prática nos ensina a ouvir mais do que perguntar, a confiar mais do que controlar. E à medida que nos tornamos mais sensíveis a esses diálogos com o campo, a vida começa a se revelar como uma grande mandala em movimento, onde nada está fora de lugar, e tudo é uma oportunidade de alinhamento e crescimento.

A sincronicidade, quando compreendida como um diálogo contínuo com o Campo Unificado, transforma-se em uma poderosa aliada na nossa jornada evolutiva. Ela nos mostra que o universo não é indiferente, mas responsivo. E que nossas intenções, pensamentos e estados vibracionais criam reverberações que encontram eco no mundo ao nosso redor. Nesse sentido, cada sincronicidade é como uma centelha de lucidez que rompe a linearidade da vida cotidiana e nos lembra de que estamos sendo guiados.

Essa forma de orientação não substitui o discernimento pessoal nem elimina a necessidade de ação consciente. Ao contrário, ela amplia nossa perspectiva, nos conecta com a sabedoria intuitiva e fortalece a confiança nas escolhas que fazemos. O mapa da sincronicidade não é um roteiro rígido, mas uma bússola viva, que aponta caminhos, confirma direções e ilumina zonas de sombra que estávamos ignorando.

Para os terapeutas, ajudar seus clientes a reconhecerem padrões sincrônicos pode ser profundamente curador — especialmente em momentos de crise ou transição, quando a vida parece perder o sentido. Relembrar alguém de que há uma ordem oculta por trás dos eventos, e que o universo "fala", é oferecer uma ponte entre a racionalidade limitada e o mistério da existência. No entanto, é essencial guiar essa percepção com maturidade, evitando cair na armadilha da superstição ou da fuga da responsabilidade pessoal. A sincronicidade não nos exime de decidir, mas nos ajuda a decidir com mais consciência e alinhamento.

A mente quântica, desperta e atenta, aprende a perceber os eventos da vida com um novo olhar. Ela compreende que a realidade é simbólica e interconectada, e que os sinais estão sempre à disposição de quem está presente o suficiente para notá-los. Cada coincidência significativa é um lembrete de que fazemos parte de algo muito maior — e, ao mesmo tempo, de que esse “algo maior” se importa com a nossa jornada individual.

O verdadeiro valor das sincronicidades não está apenas nas respostas que parecem nos trazer, mas no estado de presença e reverência que nos convidam a cultivar. Ao percebermos um sinal, não apenas entendemos uma mensagem; sentimos que estamos inseridos em um fluxo inteligente e amoroso. E isso, por si só, eleva nossa frequência, fortalece nossa conexão com o campo e amplia nossa capacidade de cocriar uma realidade alinhada com nossa essência.

Viver com atenção às sincronicidades é viver com os olhos da alma abertos. É reconhecer que tudo pode ser um espelho, uma metáfora, uma pista. É caminhar pelo mundo com o coração em escuta e com a mente alinhada à sabedoria do invisível. É transformar a vida em um mistério participativo, onde cada passo revela algo novo — não apenas sobre o caminho, mas sobre quem somos.

No fim das contas, as sincronicidades são como pontos de luz costurados no tecido da realidade, indicando que há uma inteligência amorosa e coerente operando além da nossa visão limitada. A mente quântica não tenta controlar essa inteligência, mas sim colaborar com ela, abrindo-se ao aprendizado, à escuta e ao encantamento de viver em sintonia com o todo.

Capítulo 15
Presença no Agora

A presença no momento presente é o ponto culminante de todas as práticas exploradas anteriormente — intenção, foco, imaginação e leitura dos sinais do Campo Unificado. Essas ferramentas, embora poderosas, só se tornam verdadeiramente eficazes quando são aplicadas no único ponto onde a vida realmente acontece: o agora. A mente quântica, com sua capacidade singular de transformar possibilidades em realidades, opera exclusivamente neste instante. O passado, por mais relevante que seja em termos de experiências e aprendizados, é apenas um arquivo de memórias. O futuro, embora cheio de potencial, ainda é apenas uma projeção, uma construção mental. O único espaço de atuação concreta, o verdadeiro palco da criação, é o presente.

A visão tradicional do tempo nos leva a compreender o presente como uma passagem fugaz entre dois extremos infinitos: um passado que se estende atrás de nós e um futuro que se projeta à frente. No entanto, quando observamos pela perspectiva da consciência, percebemos que o agora é eterno — é tudo o que realmente existe. Todo o nosso poder está concentrado nesse instante. Qualquer tentativa de criar a partir do passado é infrutífera, pois ela nos mantém atrelados a padrões antigos, crenças limitantes e histórias repetidas. É como navegar com a âncora ainda presa ao fundo do mar: por mais que haja vento, não saímos do lugar. Criar a partir do futuro, por sua vez, nos coloca numa posição de fragilidade. Estamos lidando com algo que ainda não existe, o que facilmente gera ansiedade, insegurança e frustração.

Nesse cenário, a mente não treinada se revela como um obstáculo significativo. Ela funciona como uma viajante do tempo, incapaz de permanecer no agora. Vive absorta em lembranças do passado, remoendo mágoas, arrependimentos e falhas, o que gera emoções de baixa frequência, como tristeza, culpa e ressentimento. Por outro lado, quando não está mergulhada no passado, projeta-se ansiosamente no futuro, alimentando preocupações e expectativas que drenam nossa energia vital. Essas duas armadilhas mentais — a ruminação e a antecipação — não apenas nos impedem de viver plenamente, como também nos desconectam do nosso poder criativo. Quando nossa atenção está dividida entre o que já passou e o que ainda não chegou, perdemos o acesso ao único lugar onde a transformação pode ocorrer: o momento presente.

A mente quântica, ao contrário, compreende com clareza essa dinâmica. Ela sabe que o futuro só pode ser alterado se as sementes forem plantadas agora. A cada momento presente, temos a chance de fazer escolhas conscientes — escolhas que não apenas moldam nossa realidade, mas também reconfiguram nosso campo vibracional. Essas escolhas incluem o que pensamos, o que sentimos e como agimos. São decisões que, mesmo aparentemente pequenas, têm um impacto direto no campo quântico e, por isso, devem ser feitas com plena consciência.

Estar presente é, portanto, muito mais do que uma prática de bem-estar; é uma estratégia fundamental de criação consciente. Quando estamos verdadeiramente ancorados no agora, nossa energia não está mais dispersa entre o ontem e o amanhã. Ela se concentra, tornando-se um feixe coeso, potente, capaz de imprimir nossa intenção no campo quântico com precisão. Essa concentração energética permite que nossas ações e pensamentos estejam alinhados com a nossa visão criativa, gerando resultados mais rápidos, eficazes e coerentes com quem realmente somos.

Além disso, a presença nos reconecta ao fluxo natural da vida. Quando deixamos de resistir ao que é e passamos a aceitar o momento tal como se apresenta, um estado de harmonia se instala. Essa aceitação não significa passividade, mas sim alinhamento com o agora. É a partir desse alinhamento que a clareza mental emerge. A mente se aquieta, os ruídos internos diminuem, e torna-se possível ouvir com mais nitidez a voz da intuição — essa inteligência sutil que nos orienta com sabedoria silenciosa.

Portanto, a presença não apenas sustenta a prática da criação quântica, como também nos oferece benefícios profundos no dia a dia. Ao habitarmos o agora, cultivamos paz interior, aumentamos a clareza de pensamento, fortalecemos nosso foco e, principalmente, reconectamos com o nosso poder essencial: o de sermos cocriadores conscientes da realidade.

Os benefícios de cultivar a presença no agora transcendem a ideia de manifestação de desejos. Habitar plenamente o presente transforma a qualidade da nossa experiência interna, proporcionando um estado de paz e clareza que independe das circunstâncias externas. Quando estamos ancorados no momento atual, não há espaço para a repetição mental de erros passados nem para a angústia gerada por expectativas futuras. A mente, ao se silenciar, permite que o nosso foco se refine. E, nessa clareza, somos capazes de reconhecer oportunidades, escutar a intuição e perceber os sinais sutis que o universo nos oferece.

Esse estado de presença não surge de forma automática, especialmente em uma cultura que valoriza a produtividade acelerada e a preocupação constante com o futuro. Por isso, precisamos de práticas consistentes que nos auxiliem a retornar ao agora, mesmo diante da agitação cotidiana. Entre essas práticas, algumas ferramentas simples e poderosas se destacam:

- Respiração consciente: A respiração é o elo mais direto com o presente. Não se respira no passado nem no futuro; cada inspiração e expiração acontecem apenas no agora. Ao focarmos na respiração, ancoramos a nossa atenção no momento presente e reeducamos a mente a sair dos automatismos.
- Atenção plena em tarefas simples: Quando transformamos atividades rotineiras, como lavar a louça ou arrumar a cama, em verdadeiras práticas de

meditação ativa, ampliamos a nossa capacidade de estar presentes. Ao focar nos detalhes sensoriais dessas tarefas — temperatura da água, som dos utensílios, textura dos objetos —, treinamos a mente para permanecer conectada ao corpo e à realidade concreta do instante.

- Escuta ativa: Ouvir verdadeiramente outra pessoa, sem pensar em respostas, julgamentos ou distrações, é um exercício profundo de presença. Essa prática não apenas enriquece as relações, mas também treina o foco e a atenção plena. Ao escutar com presença, estamos também escutando a vida como ela se manifesta naquele momento.
- Caminhar em silêncio: Ao caminhar prestando atenção total às sensações dos pés tocando o chão, ao ritmo da respiração e ao ambiente ao redor, conseguimos transformar uma atividade corriqueira em um ritual de reconexão. Caminhar com consciência nos coloca em sintonia com o movimento natural da vida e reforça o vínculo com o presente.

Essas ferramentas podem ser aplicadas em qualquer momento do dia, independentemente do ambiente ou das demandas externas. O objetivo não é atingir um estado de perfeição ou eliminar totalmente os pensamentos, mas sim desenvolver a habilidade de retornar ao presente sempre que percebermos o afastamento. Essa capacidade de "voltar" é, por si só, um ato de poder e de escolha consciente.

A prática da atenção plena na respiração é o exercício mais fundamental para esse treino de presença. Simples em sua forma, mas profunda em seus efeitos, ela fortalece gradualmente o músculo da atenção e da observação sem julgamento. Segue a orientação detalhada dessa prática:

1. Sente-se em uma posição confortável, com a coluna ereta. Essa postura favorece a atenção e evita a sonolência. O corpo ereto comunica à mente que estamos alertas e disponíveis para o momento.

2. Feche os olhos suavemente e traga a sua atenção para a sua respiração. Isso ajuda a reduzir os estímulos externos e a focalizar a percepção em um único ponto.

3. Observe o ar entrando pelas narinas, preenchendo os pulmões. Sinta a sutil pausa. Esse momento de pausa entre a inspiração e a expiração é um espaço de profundo silêncio e presença.

4. Observe o ar saindo, o corpo se relaxando. Não tente controlar a respiração; apenas testemunhe o seu ritmo natural. A mente tende a querer intervir, mas o poder está na observação pura.

5. A sua mente, inevitavelmente, irá se distrair com pensamentos. Quando isso acontecer, não se julgue. Apenas reconheça a distração e, com gentileza, traga a sua atenção de volta para a sensação da respiração. Esse retorno é o verdadeiro treino da atenção. Cada vez que a mente volta, ela se fortalece.

6. Pratique por dez minutos diariamente. Cada vez que você traz a sua mente de volta, está fortalecendo a sua capacidade de estar presente. A regularidade é mais importante do que a duração. Mesmo poucos minutos por dia criam mudanças perceptíveis na qualidade da atenção.

A prática constante desse exercício transforma o funcionamento da mente ao longo do tempo. Ela nos torna mais presentes não apenas durante a meditação, mas também em nossas interações, decisões e processos criativos. Estar presente não é um estado passivo, mas uma forma ativa de viver com consciência e intenção. É o solo onde podemos plantar novas ideias, novos sentimentos e novas ações que se alinham ao futuro que desejamos criar.

Para que a presença se torne parte orgânica do cotidiano, é necessário levá-la para além da meditação formal e incorporá-la nas atividades mais simples do dia a dia. Essa integração é possível por meio do que se chama de "presença em ação", uma prática que transforma gestos comuns em oportunidades de ancoragem e de reconexão com o agora.

O exercício da presença em ação tem como proposta tirar a atenção do modo automático de funcionamento da mente e direcioná-la deliberadamente para as experiências sensoriais do momento. Ele se baseia em três pilares fundamentais: a escolha consciente da atividade, a intenção de realizar a tarefa com presença total, e a observação atenta dos estímulos que surgem durante a execução. A seguir, a prática é detalhada passo a passo:

1. Escolha uma atividade rotineira que você costuma fazer no piloto automático, como lavar a louça, escovar os dentes ou tomar uma xícara de chá. O ideal é escolher uma ação simples e repetitiva, pois ela permitirá observar melhor a mente em movimento.

2. Decida realizar essa atividade com 100% da sua presença. Execute cada movimento de forma lenta e deliberada. Ao desacelerar, criamos espaço para a consciência ocupar o lugar do automatismo. Cada gesto, por mais corriqueiro que pareça, ganha profundidade e significado.

3. Observe cada detalhe sensorial: a temperatura da água em suas mãos, o som da esponja, o aroma do sabão, o sabor do chá. Os sentidos são portas diretas para o momento presente. Ao prestar atenção a eles, saímos do mundo mental e voltamos ao corpo, ao aqui e agora.

4. Esteja totalmente presente no ato, como se fosse a coisa mais importante do mundo naquele momento. Essa atitude reverente perante o simples fortalece o vínculo com a vida como ela é, sem necessidade de que algo extraordinário aconteça para nos sentirmos plenos.

5. Observe os pensamentos e as emoções que surgem, mas continue retornando o seu foco para a experiência sensorial da tarefa. A mente irá tentar fugir, criar histórias, planejar ou se lembrar de algo. Não é necessário lutar contra isso, apenas perceber e escolher retornar.

Esse tipo de prática, quando realizado com consistência, tem o poder de alterar o nosso estado de consciência e refinar a nossa percepção. A vida deixa de ser uma sequência de momentos ignorados ou desperdiçados e se transforma numa experiência contínua de presença e profundidade. Aprendemos a viver com mais intenção, mais conexão e mais clareza.

Para profissionais da área terapêutica, o cultivo da presença não apenas eleva a qualidade pessoal do terapeuta, mas também oferece aos clientes ferramentas práticas e eficazes para a autorregulação emocional. A ansiedade, que está profundamente ligada ao medo do futuro, e a depressão, muitas vezes ancorada em dores do passado, encontram na presença um antídoto natural. Ensinar os clientes a retornarem ao momento presente é uma forma de empoderá-los, devolvendo-lhes a capacidade de agir sobre sua própria experiência interna.

Uma forma simples de aplicar isso em ambiente clínico é iniciar ou finalizar as sessões com práticas curtas de presença guiada. Apenas dois ou três minutos de respiração consciente ou escaneamento corporal já são suficientes para ajudar o cliente a se centrar, a se sentir mais seguro e a integrar melhor os conteúdos explorados durante a consulta. Esse pequeno gesto tem impacto direto na qualidade da escuta, no nível de abertura e na capacidade de autorreflexão do paciente.

Mais do que uma técnica ou uma filosofia, a presença no agora é um caminho espiritual e existencial. Ela nos lembra de que a vida não acontece em outro lugar ou em outro tempo. A vida acontece aqui, agora. Todo o potencial do universo está contido neste instante — não em alguma promessa distante ou em uma lembrança do que já foi. Quando compreendemos isso, não apenas com o intelecto, mas com a experiência direta, passamos a viver de modo mais íntegro e autêntico.

O agora é o ponto de encontro entre o que fomos e o que podemos vir a ser. É o portal através do qual o invisível se torna visível, o não-manifestado se torna ação, e o sonho se transforma em realidade. Toda a criação ocorre no presente. As memórias do passado e as visões do futuro podem nos orientar, mas são o que fazemos com elas no agora que determina os resultados que vamos colher. A mente quântica não busca fugir da realidade — ela se aprofunda nela. Seu poder está em estar plenamente consciente do momento presente e, a partir daí, cocriar com clareza, coerência e propósito.

Capítulo 16
Expansão da Consciência

A jornada rumo ao desenvolvimento da mente quântica não se encerra na prática da manifestação de desejos ou metas. Na verdade, ela aponta para algo muito mais profundo: uma transformação essencial do ser. Cada ferramenta explorada — foco, intenção, imaginação, leitura do campo e presença — prepara o terreno para o verdadeiro propósito dessa jornada: a expansão da consciência. Trata-se de um processo de despertar, de deslocamento da percepção, onde deixamos de nos identificar exclusivamente com o "eu" limitado e acessamos estados ampliados de entendimento e conexão com a realidade.

Ao contrário do que se possa pensar, expandir a consciência não se resume a acumular informações ou aprimorar o intelecto. O conhecimento mental pode até nos apontar o caminho, mas é a vivência direta que abre as portas para um novo estado de ser. A expansão é um processo de descondicionamento. É o abandono gradual das identificações que nos restringem: o corpo, a personalidade, a biografia, os papéis sociais. A mente condicionada tende a viver na separação — entre eu e o outro, entre o interno e o externo — e essa fragmentação é a base de muitos dos nossos conflitos e sofrimentos. A expansão da consciência dissolve essas fronteiras.

No estado de consciência contraída, vivemos sob o domínio do ego. O ego opera como um centro de comando que organiza a realidade com base na dualidade: sou este corpo, sou esta história, sou esta identidade. Essa forma de operar é funcional para a vida prática, mas profundamente limitante para a experiência espiritual e criativa. A mente quântica, quando em expansão, transcende essa estrutura. Ela não nega o ego, mas o integra em uma visão mais ampla de si. Não somos apenas a gota — somos o oceano que se manifesta na forma da gota. Essa percepção é transformadora e nos reconecta com a essência de tudo o que é.

Podemos visualizar esse processo como uma ascensão por diferentes níveis ou oitavas de consciência, cada uma com características próprias. No nível mais básico está o instintivo, onde o foco é a sobrevivência, a satisfação das necessidades primárias e os impulsos do corpo. É o estágio do funcionamento mais automático, ligado à autopreservação.

Acima dele encontra-se o nível racional, regido pela mente analítica, linear e lógica. Esse é o domínio do ego estruturado, da identidade social, da razão e da linguagem. A maioria das pessoas vive nesse nível, onde o mundo é percebido como uma coleção de objetos separados, e a realidade é medida pela lógica e pela evidência sensorial.

Quando a prática interior se aprofunda, acedemos ao nível intuitivo, que funciona como uma ponte entre o racional e o transpessoal. Aqui, surgem percepções mais sutis: começamos a notar sincronicidades, sentimos um chamado interior, reconhecemos padrões ocultos e desenvolvemos uma escuta mais fina da realidade. A intuição nos oferece um tipo de conhecimento que não é deduzido, mas captado — um saber que brota do silêncio interior e da conexão com o campo maior.

Por fim, atingimos o nível transpessoal, o mais elevado desta jornada. Esse estágio representa o acesso à consciência de unidade. Nele, a ideia de separação entre "eu" e "outro" se dissolve. Passamos a perceber a vida como um fluxo interconectado, onde tudo está em relação com tudo. Não se trata de uma crença ou filosofia, mas de uma vivência direta — uma experiência de presença cósmica e integração profunda com o todo.

É importante destacar que essa ascensão por níveis de consciência não é linear nem definitiva. Podemos transitar entre diferentes estágios ao longo do dia, dependendo do nosso estado emocional, do ambiente, da prática espiritual e da clareza interior. No entanto, quanto mais praticamos, mais tempo conseguimos permanecer em níveis elevados, e mais rapidamente conseguimos retornar a eles quando nos desviamos.

Esse processo de expansão se reflete concretamente na vida. Quando a consciência se alarga, a visão que temos de nós mesmos e do mundo também se transforma. Passamos a tomar decisões com mais clareza, nos movemos com mais propósito e cultivamos uma sabedoria interior que não depende de dados externos. Sentimentos como compaixão, amor incondicional e empatia deixam de ser apenas ideais nobres para se tornarem respostas naturais do nosso ser. A separação se dissolve, e a conexão torna-se o estado fundamental da experiência.

À medida que avançamos na jornada da expansão da consciência, os sinais desse despertar tornam-se visíveis em múltiplas áreas da vida. Essa transformação interna não depende de rituais complexos ou de eventos extraordinários; ela se revela no cotidiano, nas pequenas escolhas, nas formas mais sutis de perceber, sentir e agir. A consciência em expansão manifesta-se em atitudes mais compassivas, em uma presença mais profunda, em uma sintonia crescente com o fluxo da vida.

Os indícios mais marcantes dessa evolução incluem:

• Uma sensação crescente de unidade e interconexão com todas as formas de vida: À medida que os limites do ego se dissolvem, começamos a perceber que não estamos separados dos outros seres, nem da natureza, nem do universo. Essa percepção não é apenas racional, mas visceral. Sentimos que o sofrimento do outro também nos toca, que a beleza do mundo nos inclui, que a vida pulsa em tudo. Essa sensação gera um respeito espontâneo pela existência em todas as suas formas.

• Uma intuição aguçada e confiável, que funciona como uma bússola interna: Quando a mente se silencia e a conexão com níveis mais sutis de consciência se estabelece, desenvolvemos um tipo de orientação interna que vai além do raciocínio lógico. A intuição passa a ser uma aliada constante. Ela se expressa como pressentimentos, percepções instantâneas, sinais do ambiente ou sonhos significativos. E, com o tempo, aprendemos a confiar nela como uma fonte legítima de sabedoria.

- A ocorrência frequente e natural de sincronicidades, indicando um alinhamento com o fluxo do universo: Quando estamos em ressonância com o Campo Unificado, a realidade responde com fluidez. Coincidências significativas tornam-se frequentes, portas se abrem com facilidade, e os recursos certos aparecem no momento certo. Essa sincronia não é mágica nem mística — é o reflexo de um alinhamento interno que se projeta na tessitura do mundo exterior.
- Uma maior capacidade de sentir e expressar compaixão e amor incondicional: O julgamento cede espaço à aceitação. A crítica é substituída pela empatia. Compreendemos que cada ser está em seu próprio caminho de evolução e que o sofrimento muitas vezes nasce da ignorância, do medo ou da dor não resolvida. A compaixão torna-se um reflexo natural da nossa percepção de unidade.

Contudo, esse caminho não está isento de armadilhas. A mais sutil e perigosa delas é o chamado ego espiritual. À medida que acumulamos experiências de expansão ou começamos a compreender os níveis mais elevados da existência, o ego — sempre presente e astuto — pode tentar se apropriar desse progresso para se fortalecer. Ele constrói uma nova identidade: a de uma pessoa "mais evoluída", "mais desperta" ou "espiritualizada".

Esse movimento gera comparações, julgamentos e até arrogância. A pessoa pode começar a se sentir superior, considerando os demais como "menos conscientes" ou "adormecidos". Isso cria uma nova forma de separação, ainda mais perigosa por estar mascarada de iluminação. O verdadeiro crescimento espiritual não nos torna superiores — ele nos torna mais humildes. Ao perceber a vastidão da consciência e a complexidade da vida, reconhecemos o quanto ainda há por aprender, sentir e integrar.

A expansão genuína da consciência é acompanhada de reverência. Um senso de admiração pelo mistério da existência substitui a necessidade de saber tudo. Sentimo-nos pequenos diante da grandiosidade do universo, e ao mesmo tempo, profundamente conectados com ele. Essa humildade abre espaço para a sabedoria verdadeira — aquela que nasce do silêncio interior, da escuta profunda e da presença plena.

Para apoiar esse processo, é fundamental utilizar ferramentas que favoreçam a integração dessas experiências. Entre elas, destacam-se:

• A meditação profunda: Ela permite silenciar as camadas superficiais da mente e acessar estados mais sutis de consciência. A meditação é a prática mais direta para dissolver o ego e mergulhar no campo da consciência pura.

• O estudo de textos de sabedoria: Obras de mestres espirituais, filósofos e poetas oferecem orientações preciosas. Esses textos funcionam como mapas deixados por aqueles que já exploraram os territórios internos e ajudam a iluminar o caminho com linguagem e simbolismos que ressoam com a alma.

- A abertura a experiências espirituais espontâneas: Momentos de profunda conexão com a arte, com a natureza ou com o silêncio interior também são vias legítimas de expansão. Não é necessário estar em um templo ou seguir uma técnica específica para experienciar o sagrado — ele se manifesta onde há presença e entrega.

Cada uma dessas práticas atua como um catalisador, abrindo espaço interno para que a consciência floresça. No entanto, é a constância e a sinceridade com que as vivenciamos que determinam sua eficácia. Expandir a consciência não é um evento único, mas um processo contínuo, uma forma de viver com mais presença, verdade e abertura.

Para induzir estados de expansão de consciência de forma prática e acessível, a meditação direcionada é uma das ferramentas mais eficazes. Entre as técnicas disponíveis, destaca-se a meditação de expansão, um exercício que trabalha diretamente a percepção da consciência como algo ilimitado, rompendo as fronteiras do ego e facilitando uma vivência direta da unidade com o todo.

Este exercício é descrito com passos simples, mas que geram um impacto profundo:

1. Sente-se em uma postura confortável, com a coluna alinhada, em um local onde não será

perturbado. A estabilidade do corpo favorece o relaxamento da mente e a permanência na prática.

2. Respire profundamente por três vezes, soltando as tensões do corpo e da mente a cada expiração. Esse ciclo respiratório inicial cria uma transição do estado mental comum para um estado mais centrado e receptivo.

3. Visualize a sua consciência como uma esfera de luz brilhante localizada no centro do seu peito ou da sua cabeça. Essa imagem simbólica ajuda a materializar a sensação da consciência como uma entidade viva, vibrante e expansiva.

4. Com cada inspiração, sinta essa esfera de luz se tornando mais brilhante. Com cada expiração, permita que ela se expanda suavemente, primeiro preenchendo todo o seu corpo. Em seguida, expandindo-se para além do seu corpo, preenchendo o cômodo onde você está. Continue expandindo-a, englobando a sua casa, a sua cidade, o seu país, o planeta Terra e, finalmente, todo o universo. Este processo de expansão imaginativa facilita o desprendimento das referências pessoais e promove uma experiência de dissolução de limites, que é essencial na vivência da unidade.

5. Permaneça nesse estado de consciência sem fronteiras por alguns minutos, sentindo a sua conexão com o todo, a paz e a imensidão de ser um com a totalidade. Essa permanência no estado ampliado consolida a sensação de pertencimento universal, reduz o medo e fortalece a confiança no fluxo da vida.

Com a repetição dessa prática, torna-se possível manter vestígios da expansão mesmo após a meditação, influenciando decisões, atitudes e percepções com mais leveza e consciência.

Além da meditação, outra ferramenta crucial para sustentar o processo de expansão é o diário de expansão, um recurso simples e poderoso que atua como espelho do progresso interno. Ele permite observar, refletir e integrar as experiências que surgem ao longo da jornada. Sua estrutura pode seguir estes passos:

1. Após cada prática de meditação ou sempre que tiver uma experiência de percepção diferente no seu dia a dia, reserve um tempo para escrever sobre ela. Isso ancora a experiência no plano consciente e facilita a sua assimilação.
2. Anote as novas sensações, os insights que surgiram, as mudanças na forma como você percebeu a si mesmo ou ao mundo. O registro não precisa seguir uma estrutura rígida; deve ser espontâneo e sincero, refletindo o que emergiu de forma autêntica.
3. Revise o seu diário semanalmente, buscando não por grandes eventos, mas pelos sinais sutis de uma evolução interior. Essa revisão revela padrões, avanços e também áreas que ainda precisam de atenção, ajudando a manter o foco e a motivação.
4. Observe se a sua capacidade de sentir compaixão aumentou, se a sua intuição está mais clara, ou se a sua resposta a desafios mudou de reativa para mais serena. São essas pequenas transformações que, somadas, indicam uma mudança significativa no estado de consciência.

No contexto terapêutico, a condução de práticas de expansão da consciência exige sensibilidade e responsabilidade. Nem todos os clientes estão prontos para experienciar estados mais amplos de percepção. Para aqueles que possuem tendências à ansiedade, despersonalização ou dissociação, é fundamental que o terapeuta ofereça estruturas de ancoragem antes e depois das práticas. Atividades como o escaneamento corporal, a respiração consciente ou o simples contato com sensações táteis ajudam a manter o equilíbrio e a integrar a experiência de maneira segura.

O terapeuta também deve acompanhar cuidadosamente os relatos de seus clientes após experiências de expansão, ajudando-os a discernir entre percepções legítimas e projeções mentais, bem como a aplicar os insights obtidos em sua vida prática. A expansão, para ser real, precisa estar ancorada na realidade e expressar-se em ações coerentes, relações mais saudáveis e uma vida mais alinhada com o propósito interior.

Ao final, compreende-se que todas as técnicas e conceitos apresentados ao longo do livro não são fins em si mesmos, mas instrumentos que servem a um único propósito maior: o florescimento da consciência. A mente quântica não representa uma linha de chegada, mas uma trilha de abertura contínua. Ela é o caminho que revela, passo a passo, quem realmente somos além das camadas de condicionamento, crenças e histórias.

Expandir a consciência é, em última instância, um retorno à essência — não uma fuga da realidade, mas um mergulho mais profundo nela. É viver com presença, com propósito e com a percepção de que cada instante é sagrado. O desabrochar da consciência não nos separa do mundo; ele nos reconcilia com tudo. É o coração vibrante da mente quântica.

Capítulo 17
Visualização Quântica

A visualização quântica representa a culminação prática do poder da imaginação no processo de cocriação consciente da realidade. Enquanto a imaginação é a faculdade de criar imagens mentais, a visualização quântica é a sua aplicação mais focada, deliberada e energética. É o momento em que passamos da ideia abstrata para a construção vibracional de uma nova realidade, utilizando não apenas a mente, mas também o corpo emocional como catalisador do colapso quântico.

Esse processo parte de uma premissa fundamental da física quântica aplicada ao campo da consciência: tudo o que existe em nosso mundo material foi, antes, uma possibilidade no campo energético. Quando visualizamos algo com intenção e emoção elevadas, projetamos uma frequência coerente no campo, um molde energético que começa a atrair para si os elementos que o tornarão realidade. Não se trata de mágica, mas de sintonia. Aquilo que emitimos com clareza e persistência, com sentimento e certeza, tende a se manifestar porque ressoa com padrões semelhantes no campo.

Diferenciar visualização quântica de fantasia é essencial. A fantasia é um movimento da mente que busca evasão: ela se desloca para um cenário imaginário como forma de escapar de uma realidade indesejada. É geralmente dispersa, descomprometida e desprovida de ancoragem no agora. Já a visualização quântica é um ato de criação consciente. Ela ocorre a partir da presença, com clareza de propósito e com um envolvimento emocional profundo. O praticante não sonha que algo aconteça: ele vive internamente a experiência como se ela já estivesse ocorrendo. Ele não apenas imagina — ele incorpora.

A chave dessa prática está na emoção. Imagens mentais isoladas, por mais vívidas que sejam, não têm força magnética por si só. São como plantas sem raízes. É a emoção que dá vida à imagem. Quando sentimos — realmente sentimos — a alegria de uma conquista, a gratidão de uma cura, a paz de um relacionamento harmonioso, estamos emitindo uma frequência específica no campo quântico. Essa frequência é a assinatura energética que informa ao universo o nosso estado vibracional, e é com base nela que a realidade começa a se reorganizar.

Assim, a prática não é apenas ver com os olhos da mente, mas sentir com o coração e com o corpo. Cada detalhe da cena visualizada deve estar impregnado da emoção correspondente ao seu resultado. Essa coerência entre imagem e sentimento é o que dá potência ao ato criativo. O campo quântico, ao receber esse sinal integrado, responde com sincronicidades, oportunidades e encontros que refletem o estado interno do praticante.

A visualização quântica pode ser aplicada a qualquer área da vida. Seu mecanismo permanece o mesmo, ainda que os objetivos variem:

- Na saúde, visualizamos a regeneração celular, o funcionamento harmônico dos órgãos, o corpo em estado de vitalidade.
- Na prosperidade, visualizamos a segurança financeira, a liberdade de escolhas, a sensação de paz e confiança em relação ao dinheiro.
- Nos relacionamentos, visualizamos conexões amorosas, respeito mútuo, diálogos empáticos e acolhedores.
- Na espiritualidade, visualizamos a conexão com a fonte, com o Campo Unificado, com a paz interior que transcende o mundo material.

O que muda entre essas aplicações é a imagem e o sentimento evocado, mas o princípio permanece: criar internamente o estado vibracional correspondente ao que se deseja manifestar externamente.

A visualização quântica é, portanto, mais do que uma técnica. É uma prática de alinhamento com a realidade desejada, uma declaração vibracional que antecede a materialização. Ao tornar-se habitual, ela recondiciona o cérebro e o corpo para um novo estado de ser. E, como o universo responde ao nosso estado de ser, não ao nosso desejo superficial, essa prática se revela como uma das ferramentas mais poderosas para a criação consciente da realidade.

Para que a visualização quântica produza resultados consistentes, é necessário cultivar uma base sólida, sustentada por elementos essenciais. Esses elementos não são apenas sugestões, mas pilares que garantem que a prática seja mais do que uma fantasia inofensiva e se torne um instrumento de real cocriação. A seguir, detalhamos os quatro componentes fundamentais que devem estar presentes:

• Imagem clara: A mente precisa de direção. Visualizar uma cena vaga ou genérica é como tentar construir uma casa sem projeto. Quanto mais específico e detalhado for o cenário mental, maior a precisão do "sinal" enviado ao campo. Se o objetivo for, por exemplo, viver com mais abundância, deve-se criar uma imagem vívida dessa realidade: onde você está, como é o ambiente, com quem você interage, o que diz, como se sente. Quanto mais sensorial e tangível for essa imagem, mais concreto será o seu impacto vibracional.

• Emoção positiva: A emoção é o combustível da visualização quântica. Não basta ver — é preciso sentir. E o sentimento deve estar em coerência com o objetivo. Visualizar uma casa nova enquanto se sente ansiedade ou dúvida anula o efeito da prática. A cena deve ser carregada com emoções elevadas como gratidão, alegria, entusiasmo, segurança ou amor. É isso que transforma a visualização em uma emissão vibracional coerente e poderosa.

• Repetição diária: A neurociência já demonstrou que o cérebro precisa de repetição para formar e consolidar novos circuitos neurais. A visualização diária reforça o padrão desejado, tanto no nível mental quanto energético. A prática consistente também fortalece o campo magnético pessoal, atraindo com mais intensidade aquilo que está em ressonância. A repetição cria familiaridade com o novo estado de ser, tornando-o mais natural e acessível.

- Presença no agora: Um erro comum é visualizar como se o resultado estivesse sempre no futuro. Isso enfraquece a prática. O tempo do campo quântico é o presente. A visualização eficaz se dá quando vivenciamos o cenário como se já estivesse acontecendo agora. O corpo precisa ser induzido a sentir como se estivesse dentro da nova realidade no momento atual. Quando o cérebro e o corpo acreditam que o futuro já chegou, eles começam a operar com base nessa nova assinatura.

Esses quatro elementos, quando combinados, transformam a visualização em uma prática integral. Ela não é mais um exercício mental isolado, mas uma reconfiguração do ser. E, como consequência, a realidade começa a se moldar em conformidade.

É igualmente importante estabelecer limites éticos no uso dessa prática. A visualização quântica não deve ser usada para tentar controlar, manipular ou influenciar diretamente a vontade de outras pessoas. Qualquer intenção de interferir no livre-arbítrio alheio gera distorção energética. O campo responde à coerência, e a tentativa de impor algo a outro ser quebra esse princípio. A verdadeira cocriação respeita a interconexão e promove harmonia, não dominação.

Para incorporar esses princípios de forma prática, o exercício do roteiro da cena desejada oferece uma estrutura segura e eficaz. Veja como aplicá-lo passo a passo:

1. Encontre um local silencioso e confortável. Feche os olhos e dedique alguns instantes para relaxar o corpo e aquietar a mente através da respiração. Este preparo inicial é essencial para sair do estado mental automático e entrar num campo de receptividade.

2. Escolha um objetivo claro e imagine uma cena curta, como um trailer de filme, que represente esse objetivo já plenamente realizado. Não visualize o processo, mas o resultado final. Isso evita a armadilha da mente analítica, que tende a racionalizar o "como" e atrapalhar o fluxo criativo.

3. Mergulhe nos detalhes sensoriais da cena. O que você vê ao seu redor? Quais são as cores, a luz, os objetos, as pessoas? O que você ouve? Quais são os sons do ambiente? O que você sente fisicamente? Quanto mais rica em estímulos sensoriais for a cena, mais real ela se tornará para o cérebro e o corpo.

4. Agora, e mais importante, mergulhe na emoção. Como você se sente vivendo essa realidade? Deixe que a alegria, a gratidão, o orgulho ou a paz o inundem. Sinta essa emoção em cada célula do seu corpo. A emoção eleva a frequência vibracional e comunica ao campo a coerência do desejo.

5. Permaneça dentro desta cena, vivendo-a como se fosse absolutamente real, por cerca de dez minutos. Ao final, solte a imagem com um sentimento de confiança e gratidão. "Soltar" significa confiar no processo, sem ansiedade nem apego ao resultado. Isso mantém o fluxo desobstruído.

Este exercício pode ser adaptado para qualquer objetivo pessoal, e sua simplicidade o torna uma ferramenta poderosa tanto para iniciantes quanto para praticantes experientes. Com o tempo, a mente começa a aceitar essa nova imagem como parte do seu repertório interno, e o corpo responde emitindo frequências mais elevadas, tornando o campo vibracional cada vez mais atrativo para aquilo que se deseja manifestar.

Além da prática mental e sensorial da visualização, existe um componente ainda mais profundo que fortalece a identificação com a nova realidade: a autoimagem. A forma como nos percebemos define os limites daquilo que acreditamos ser possível. Se uma pessoa visualiza abundância, mas mantém uma autoimagem de escassez, há um conflito vibracional. O campo não responde apenas ao desejo consciente, mas à frequência emitida pela identidade assumida. Por isso, a visualização quântica também atua na reformulação da autoimagem, conduzindo a um processo interno de transformação do "quem somos".

A prática conhecida como visualização guiada no espelho é especialmente poderosa nesse sentido. Olhar para si mesmo e ver não o "eu atual", mas a versão do "eu realizado", é um exercício profundo de alinhamento vibracional. Veja como realizá-lo:

1. Fique em pé diante de um espelho, olhe nos seus próprios olhos e respire profundamente. Este contato visual direto cria uma conexão simbólica e energética com o próprio ser, ativando níveis profundos de percepção.

2. Imagine que o reflexo que você vê não é o seu eu atual, mas a versão de si mesmo que já realizou o seu objetivo. Veja-se irradiando confiança, saúde,

alegria ou a qualidade que você deseja encarnar. A imaginação, aplicada nesse contexto, começa a reprogramar o cérebro para uma nova identidade.

3. Sorria para essa versão realizada de si mesmo. Sinta o orgulho e a admiração por ela. Esse gesto reforça a aceitação e o amor-próprio, aspectos fundamentais para sustentar o novo padrão vibracional.

4. Então, afirme em voz alta, com convicção: "Eu sou esta pessoa. Esta é a minha realidade agora". A verbalização reforça o comando interno e ajuda a ancorar a imagem no subconsciente, onde operam os padrões mais profundos de comportamento e crença.

5. Repita este exercício diariamente, de preferência pela manhã, por 21 dias consecutivos, para ancorar essa nova autoimagem em seu subconsciente. A repetição prolongada permite a consolidação da nova identidade, tornando-a parte integrante do sistema de crenças.

Esse tipo de exercício não apenas transforma o campo vibracional, mas atua diretamente na construção de uma mentalidade coerente com a realidade desejada. Quando o "ser" está alinhado com o "querer", a manifestação deixa de ser esforço e passa a ser consequência.

No contexto terapêutico, a visualização quântica oferece possibilidades de grande valor, especialmente quando conduzida em grupo. Sessões coletivas criam um campo energético amplificado, em que as intenções individuais se entrelaçam, fortalecendo umas às outras. O grupo funciona como um ressonador, elevando o nível vibracional coletivo e facilitando o acesso ao estado criativo profundo. Para potencializar essas sessões, recomenda-se:

- Utilizar música instrumental suave, que diminui a atividade da mente analítica e induz um estado de relaxamento e receptividade.
- Guiar a visualização com uma voz calma e ritmada, conduzindo os participantes passo a passo até a imersão emocional.
- Finalizar com um momento de silêncio e integração, permitindo que cada um permaneça conectado com a cena vivida e ancore suas sensações no corpo.

Essa prática não só fortalece o senso de pertencimento e conexão entre os participantes, como também serve como catalisador de mudanças concretas, uma vez que a emoção coletiva intensifica a emissão vibracional.

Em seu núcleo mais essencial, a visualização quântica é um reconhecimento da primazia do mundo interior. Antes que algo se torne matéria, é energia. Antes de ser energia, é intenção. E antes disso, é consciência criadora. Toda realidade manifesta nasce no invisível, e esse invisível é moldado pelas imagens, sentimentos e crenças que sustentamos.

Ao visualizarmos com clareza, emoção e constância, estamos usando o nosso poder inato de esculpir a energia antes que ela se torne matéria. A cada prática, tornamo-nos mais íntimos da realidade que desejamos, mais familiarizados com o estado de ser correspondente a ela. Fechar os olhos e ver com os olhos da mente, enquanto se sente com a força do coração, é o primeiro passo concreto para ser na realidade o que se visualiza no interior.

A visualização quântica não é uma ferramenta de controle, mas de co-alinhamento. Não se trata de forçar o universo a nos dar o que queremos, mas de nos tornarmos compatíveis com aquilo que queremos. E, ao nos tornarmos essa vibração, naturalmente atraímos o que é congruente com ela.

Capítulo 18
Meditação Quântica

A meditação quântica é apresentada como a síntese prática de todas as habilidades desenvolvidas ao longo da jornada da mente quântica: foco, intenção, visualização e presença. Ela não se limita à noção comum de relaxamento ou simples esvaziamento mental, mas se estabelece como uma tecnologia interior de reconexão profunda com o campo de possibilidades. É o espaço onde o ser e o fazer se entrelaçam, onde silenciamos para escutar, acalmamos para sentir e nos abrimos para cocriar. É neste silêncio interno que se dá o contato com a essência vibracional da realidade.

Diferente das concepções tradicionais que muitas vezes colocam a meditação como uma prática passiva, neste contexto quântico ela é descrita como ativa e criadora. O praticante não está apenas buscando a paz mental, mas se colocando deliberadamente em alinhamento vibracional com aquilo que deseja manifestar. Meditar, portanto, não é um momento de fuga do mundo, mas um portal para a recriação do mundo a partir de um estado elevado de consciência.

A estrutura da meditação quântica se apoia em dois pilares complementares. O primeiro é o silenciar da mente analítica, foco também presente em outras tradições meditativas. Quando aquietamos o fluxo automático de pensamentos, nos desidentificamos da voz do ego, que é condicionada, limitada e baseada na separação. Esse silêncio interior permite que a consciência se lembre da sua verdadeira natureza: um campo de potencial puro, não limitado por histórias, traumas ou condicionamentos.

O segundo pilar é a introdução consciente de uma intenção clara nesse campo de silêncio. Não basta apenas aquietar a mente; é preciso semear o solo fértil da quietude com sementes vibracionais intencionais. É aqui que a meditação deixa de ser apenas contemplativa e se torna também ativa. É o momento em que unimos a quietude do ser com o poder do criar. Nesse ponto, não estamos mais apenas "presentes" — estamos cocriando, com clareza e coerência, o estado de ser que desejamos experienciar.

Os benefícios da meditação quântica abrangem tanto o campo físico quanto o campo energético e psíquico. A ciência moderna já validou inúmeros efeitos fisiológicos positivos da meditação, incluindo:

- Redução do estresse e dos níveis de cortisol.
- Melhora da qualidade do sono e da função imunológica.
- Equilíbrio emocional e redução dos sintomas de ansiedade e depressão.
- Aumento da concentração, da criatividade e da empatia.

Entretanto, a meditação quântica vai além. Seu objetivo último é a reprogramação do subconsciente, a expansão da consciência e o colapso deliberado de novas realidades a partir de um estado mental e emocional elevado. Isso ocorre quando acessamos níveis profundos do cérebro, especialmente nas frequências Alfa e Teta, que são associadas à imaginação, intuição e estados meditativos profundos. Nesses estados, o cérebro entra em um modo de alta plasticidade, ideal para modificar crenças e padrões arraigados.

Ao desativarmos temporariamente a mente neocortical — sede do pensamento analítico, crítico e linear — ganhamos acesso direto ao "código-fonte" da nossa realidade interna: o subconsciente. É neste nível que estão armazenadas as crenças que moldam nossas decisões, comportamentos e percepções. Por isso, a meditação é a porta de entrada para transformações reais e sustentáveis.

Outro ponto central da meditação quântica é que não existe um único método obrigatório. A forma é secundária; o princípio ativo é o estado de coerência e intenção com que se pratica. Meditações mindfulness, guiadas, transcendentalistas, ativas ou até contemplativas na natureza, todas podem ser "quânticas" quando praticadas com presença, intenção clara e abertura vibracional. O segredo está menos na técnica e mais na consciência com que ela é executada.

A regularidade é o fio condutor que une e consolida os efeitos da prática. Meditar ocasionalmente pode oferecer alívio momentâneo, mas é a prática diária, mesmo que breve, que gera transformações duradouras. O cérebro é reconfigurado pela repetição. A energia se estabiliza com a constância. E a consciência se expande na medida em que mergulha com frequência nesse campo silencioso de infinitas possibilidades.

Para quem está iniciando na meditação quântica, é comum encontrar obstáculos que podem gerar frustração ou até abandono precoce da prática. Reconhecê-los e compreendê-los é fundamental para superá-los com gentileza e persistência. Três dos desafios mais frequentes são:

• Expectativa de resultados imediatos: Muitos iniciantes acreditam que a mente se aquietará rapidamente e que os benefícios surgirão de forma instantânea. No entanto, meditar é um treino — assim como aprender um instrumento musical ou desenvolver um músculo. O silêncio interno não acontece por força de vontade, mas por repetição. O verdadeiro objetivo não é eliminar pensamentos, mas transformar a relação com eles: em vez de reagir, observamos; em vez de controlar, permitimos.

• Julgamento dos pensamentos: Outro erro comum é acreditar que pensar durante a meditação é um "fracasso". Isso gera frustração e reforça o ciclo mental. A mente, por natureza, pensa. O segredo está em deixar os pensamentos passarem como nuvens no céu, sem se agarrar a eles. Cada vez que se retorna à respiração ou à intenção, está se fortalecendo o "músculo" da atenção consciente.

• Desistir cedo demais: Os frutos mais profundos da meditação são colhidos com o tempo. Abandonar a prática após poucas tentativas é como plantar uma semente e desistir dela antes do broto surgir. A transformação interior exige paciência, entrega e um compromisso com o processo, mesmo que os resultados ainda não sejam visíveis.

Com essa compreensão, o praticante pode começar com uma técnica simples e eficaz: a meditação respiratória quântica, que estabelece uma base sólida ao alinhar corpo, mente e energia. A prática segue os seguintes passos:

1. Sente-se em uma cadeira com a coluna ereta ou no chão em uma posição confortável, em um local silencioso. O corpo ereto simboliza a disposição e ajuda na circulação da energia vital. O ambiente silencioso favorece a introspecção.
2. Feche os olhos e comece a praticar um ritmo respiratório que acalma o sistema nervoso: inspire pelo nariz contando até 4, segure o ar por 2 segundos, e expire lentamente pela boca contando até 6. Esse padrão de respiração ativa o sistema parassimpático, responsável pelo relaxamento e pela regeneração.
3. Continue essa respiração por alguns minutos, até sentir o seu corpo relaxar e a sua mente se aquietar. Apenas observe os pensamentos que surgirem, sem se prender a eles, retornando sempre o foco para a contagem da respiração. Essa repetição do foco reforça os circuitos da atenção plena.
4. Agora, visualize uma luz dourada e líquida, cheia de inteligência e amor, descendo do cosmos e entrando suavemente pelo topo da sua cabeça. Sinta essa luz preenchendo cada célula do seu cérebro, do seu corpo, curando, harmonizando e elevando a sua frequência. Essa imagem simbólica ativa o campo da

imaginação criadora, ligando o corpo a estados vibracionais mais elevados.

5. Permaneça neste estado, respirando e banhando-se na luz, por cerca de 15 minutos. Esse tempo é suficiente para induzir o cérebro aos estados Alfa e Teta, ideais para transformação e expansão.

Essa meditação não exige experiência anterior e pode ser praticada diariamente como base da jornada. Ela ensina o corpo a relaxar, a mente a se acalmar e a energia a se sintonizar com níveis mais sutis do campo quântico. Além disso, fortalece o vínculo entre o praticante e sua própria presença, que é a fundação de toda prática energética e espiritual.

À medida que se ganha confiança nessa prática inicial, torna-se possível avançar para um estágio mais criativo da meditação: a meditação da intenção, que une o estado de relaxamento profundo com o ato consciente de cocriar uma nova realidade. Esse é o momento em que o praticante, já estabilizado internamente, planta no campo quântico a semente do que deseja viver, não como desejo futuro, mas como frequência presente.

A prática de meditar, sob a perspectiva quântica, deixa de ser um ritual místico e se torna uma habilidade estratégica — um recurso vital para quem deseja alinhar sua realidade interna com os resultados externos. Com regularidade, a meditação transforma o corpo em um canal, a mente em um instrumento e a consciência em um campo de manifestação.

A meditação da intenção representa o ápice do processo meditativo quântico, pois transforma o estado de presença em um terreno fértil para a manifestação consciente. Aqui, o praticante deixa de ser apenas um observador e passa a se tornar um cocriador. A mente está aquietada, o corpo relaxado, e o campo está aberto. É nesse momento que a intenção — clara, específica e elevada — é lançada como uma semente vibracional ao universo.

A prática segue uma sequência intencional e precisa:

1. Antes de começar, escolha uma intenção clara e positiva. Essa intenção pode se referir a uma qualidade interna (como coragem, paz, criatividade) ou a um objetivo externo (como a cura de uma relação, um novo trabalho, prosperidade material). O importante é que ela esteja formulada em termos afirmativos e presentes, como se já estivesse acontecendo.

2. Inicie a meditação com a técnica respiratória anteriormente aprendida, para induzir um estado de relaxamento e presença. Esse pré-requisito garante que o corpo esteja receptivo, e que a mente tenha saído do modo automático e racional.

3. Traga a sua intenção à mente. Em vez de apenas pensá-la, mentalize-a como uma imagem luminosa ou um símbolo poderoso no centro do seu coração. Isso ajuda a transferir a intenção do plano abstrato para o corpo energético, onde ela começa a ganhar forma vibracional.

4. Sinta a emoção elevada que essa intenção já realizada lhe traria. Esse é o ponto mais crucial: imaginar não apenas a cena, mas o sentimento que ela desperta. Gratidão, alegria, segurança, realização — todas são frequências poderosas que comunicam ao

campo quântico que você está em ressonância com essa nova realidade. Quanto mais profundamente essa emoção for sentida, mais eficaz será a emissão energética.

5. Agora, comece a expandir essa imagem e essa emoção, permitindo que elas se irradiem do seu coração para preencher todo o seu corpo e, depois, para além do seu corpo, como ondas de energia. Isso simboliza a integração do novo estado de ser. Você não está mais apenas pensando ou sentindo — você está vibrando como se já fosse aquilo que deseja.

6. Ao final da meditação, solte a sua intenção com um profundo sentimento de confiança e agradecimento. Esse "soltar" é uma parte vital do processo, pois evita que a ansiedade ou o apego interfiram na manifestação. Confiar no campo é confiar que a realidade está sendo moldada, mesmo quando os sentidos físicos ainda não registram.

No âmbito terapêutico, conduzir os clientes por essas experiências meditativas é uma forma extremamente eficaz de facilitar a cura emocional, desbloquear crenças limitantes e ativar potenciais adormecidos. Sessões de meditação guiada ajudam os clientes a acessar camadas mais profundas do inconsciente e a reescrever internamente as histórias que sustentam seus conflitos. Quando realizadas com fones de ouvido e sons binaurais, essas práticas se tornam ainda mais imersivas. As frequências de áudio específicas ajudam a levar o cérebro a estados Alfa, Teta ou até Delta, tornando o ambiente interno mais receptivo às sugestões e imagens.

Além disso, o terapeuta atua como facilitador de um campo coletivo de intenção, o que amplifica o efeito das meditações, principalmente em grupo. A prática coletiva, alinhada por uma mesma vibração, cria uma ressonância que acelera os processos individuais, promovendo experiências de unidade, cura e expansão de forma natural.

Com a prática contínua, a meditação quântica transforma-se em um pilar diário, um espaço de realinhamento com a fonte e com a verdade interior. Meditar deixa de ser uma atividade opcional e se torna um ato essencial de manutenção energética. É o momento de desligar-se do ruído externo e conectar-se com a inteligência criativa do universo.

Meditar, nesse sentido, é lembrar diariamente que não somos apenas um corpo reagindo ao mundo, mas uma consciência ativa, capaz de sintonizar com qualquer realidade que deseje experienciar. É o ato sagrado de fechar os olhos para a matéria e abrir os olhos da energia. É deixar de ser prisioneiro da realidade e passar a ser seu autor.

Capítulo 19
Linguagem Quântica

A linguagem é mais do que um meio de comunicação: ela é um dos principais instrumentos da criação consciente da realidade. Na perspectiva da mente quântica, as palavras são estruturas energéticas que traduzem pensamentos e emoções em vibrações sonoras capazes de influenciar a matéria e o campo ao nosso redor. Cada palavra proferida em voz alta, assim como cada pensamento repetido internamente, emite um sinal específico, uma frequência que interfere diretamente no modo como percebemos e experimentamos o mundo.

Compreender esse princípio é fundamental para o domínio da linguagem quântica. Em vez de tratar a fala como um automatismo, a mente quântica a reconhece como um ato sagrado de cocriação. Toda vez que dizemos "não consigo", "isso é difícil" ou "sou azarado", estamos emitindo comandos vibracionais que reforçam essas crenças e instruem o campo a confirmar essa realidade. O universo, ao nível energético, responde com neutralidade à vibração emitida, independentemente de ela nos servir ou não. Dessa forma, a linguagem torna-se um canal poderoso, capaz de contrair ou expandir o nosso campo de possibilidades.

Essa visão não é nova: as tradições espirituais mais antigas do mundo já reconheciam o poder do verbo como força criadora. Em várias cosmogonias, a criação do universo é descrita como resultado de uma palavra pronunciada — o "Verbo" divino que dá forma à existência. A ciência moderna, por sua vez, começa a validar esse princípio através de áreas como a cimática, o estudo dos efeitos do som sobre a matéria. Experimentos mostram como diferentes frequências sonoras, ao serem aplicadas a superfícies cobertas por partículas finas, criam padrões geométricos distintos, organizando a matéria com base na vibração emitida. Isso sugere que o som — e por extensão, a palavra — tem o poder literal de estruturar a realidade física.

No corpo humano, esse princípio se manifesta de forma ainda mais direta. O som da voz reverbera através das estruturas do corpo, especialmente da água, que constitui cerca de 70% da nossa composição física. Quando falamos, essa vibração sonora atravessa os tecidos e as células, influenciando a nossa fisiologia. Palavras carregadas de medo, raiva ou ressentimento tendem a criar padrões de contração e desequilíbrio, enquanto palavras de amor, encorajamento e gratidão promovem harmonia e vitalidade.

Dessa forma, desenvolver consciência sobre a linguagem cotidiana é um passo essencial na jornada da mente quântica. A fala automática, reativa e negativa age como uma programação inconsciente que reforça os limites do ego e perpetua estados vibracionais baixos.

Por outro lado, a fala consciente, deliberada e expansiva funciona como um instrumento de elevação de frequência e reprogramação do subconsciente.

Mais do que apenas evitar palavras negativas, a mente quântica aprende a escolher palavras que reflitam o que deseja criar, e não o que deseja evitar. Dizer "isso é um desafio interessante" em vez de "isso é um problema", ou "eu estou aprendendo" em vez de "eu não consigo", são ajustes sutis, mas profundamente poderosos. Essas pequenas mudanças linguísticas constroem novas redes neurais, transformam o estado emocional e, por consequência, modificam o campo vibracional.

Um ponto central dentro dessa abordagem é a autoconversa — o diálogo interno que mantemos constantemente conosco mesmos. Essa conversa, embora silenciosa e muitas vezes despercebida, é a mais influente de todas. Muitos vivem presos a um discurso interno destrutivo, repetindo frases como "eu sou um fracasso", "ninguém me valoriza" ou "eu nunca dou certo". Essas frases operam como mantras negativos, hipnotizando a mente e reforçando padrões autossabotadores.

A prática da linguagem quântica começa justamente com a observação desse diálogo interno. Ao aplicar a atenção consciente às palavras que usamos mentalmente, tornamo-nos capazes de interromper os padrões negativos e substituí-los por afirmações mais alinhadas com a nossa verdadeira essência. Não se trata de negar dificuldades, mas de cultivar uma forma de comunicação interna que apoie, encoraje e eleve.

Nesse sentido, falar se transforma em uma arte espiritual. Cada palavra é uma semente lançada ao campo fértil da consciência. Algumas germinam em ansiedade e limitação; outras florescem em possibilidades e expansão. Ao dominar a linguagem, passamos a plantar com intenção, escolhendo com cuidado e clareza aquilo que desejamos colher na experiência de vida.

A prática da linguagem quântica requer, acima de tudo, consciência ativa sobre o uso cotidiano das palavras — tanto aquelas ditas em voz alta quanto as que sussurramos em nosso diálogo interno. Como vimos, o vocabulário que utilizamos reflete e reforça nosso sistema de crenças. Cada frase, cada expressão, carrega uma energia e uma intenção que contribuem para a manutenção ou transformação da nossa realidade.

Um dos exercícios mais eficazes para iniciar esse processo de reeducação verbal é o diário da linguagem. Esse exercício tem como objetivo tornar visível o padrão inconsciente de fala que sustentamos e, a partir disso, abrir caminho para uma mudança real e consistente. O diário segue os seguintes passos:

1. Durante um dia, preste atenção especial às frases que você mais repete, tanto em voz alta quanto em seu diálogo interno. Ao final do dia, anote as mais recorrentes. Isso ajuda a trazer à consciência o conteúdo linguístico que normalmente passa despercebido.

2. Analise a sua lista. Identifique quais frases são negativas, limitantes e contraem a sua energia, e quais são positivas, expansivas e o fortalecem. Essa análise inicial não é para julgamento, mas para

reconhecimento. Perceber o quanto usamos expressões como "isso é difícil", "não dou conta", "sou azarado", é o primeiro passo para substituí-las por outras mais alinhadas com o que desejamos viver.

3. Escolha uma frase negativa de cada vez e reescreva-a em sua contraparte positiva. Essa reescrita não deve ser apenas linguística, mas energética. É necessário encontrar palavras que provoquem uma sensação de alívio, força ou expansão. Por exemplo, "Isso nunca vai dar certo" pode se tornar "Estou descobrindo novas formas para que isso funcione".

4. Comprometa-se, ao longo da semana seguinte, a se observar. Cada vez que se pegar prestes a dizer a frase antiga, pare e substitua-a conscientemente pela nova. Esse processo é um treino, uma forma de instalar novos padrões no sistema mental e emocional. Ao corrigir a linguagem no momento em que ela surge, reprogramamos nossa resposta ao mundo.

5. Ao final da semana, reavalie as mudanças em seu humor, em sua energia e, possivelmente, nos resultados que você está obtendo. A fala alterada modifica o estado interno, e o estado interno altera a vibração emitida. Com o tempo, essa nova frequência começa a refletir-se em mudanças concretas nas experiências diárias.

Outro recurso de grande poder é a utilização dos mantras pessoais. Enquanto o diário da linguagem trabalha com a substituição consciente de padrões nocivos, o mantra opera como uma codificação vibracional repetitiva que reestrutura a mente em um nível profundo. Um mantra pode ser uma palavra, uma frase curta ou mesmo um som ressonante que represente a qualidade, o estado de ser ou a intenção que desejamos encarnar.

A criação e prática de um mantra pessoal envolve os seguintes passos:

1. Escolha uma frase curta e poderosa, ou mesmo uma única palavra, que encapsule a qualidade ou o estado de ser que você deseja cultivar. Pode ser algo como "Eu sou luz", "Eu sou cura", "Confiança", "Abundância" ou "Paz". O importante é que a palavra gere uma ressonância emocional positiva.

2. Tradicionalmente, os mantras são repetidos 108 vezes, o que ajuda a aprofundar o estado meditativo. Esse número tem um significado simbólico em diversas tradições espirituais, mas você pode iniciar com um número menor, como 27 ou 54, ou apenas definir um tempo específico de repetição diária.

3. Sente-se confortavelmente, feche os olhos e comece a repetir o seu mantra, seja em voz alta ou mentalmente. A vibração sonora da palavra, especialmente quando pronunciada, tem um impacto direto no corpo energético.

4. Associe a repetição à sua respiração. Inspire em silêncio e repita o mantra na expiração, ou vice-versa. Essa sincronização entre som e respiração amplifica o estado de coerência interna.

5. Pratique diariamente, de preferência no mesmo horário, por 21 dias. Essa constância é essencial para que o mantra se torne uma referência vibracional sólida no seu campo energético, capaz de influenciar pensamentos, emoções e comportamentos.

No ambiente terapêutico, essas práticas podem ser adaptadas para atender às necessidades específicas dos clientes. Identificar expressões verbais autodepreciativas, como "sou um fracasso" ou "nunca consigo", e guiá-los na construção de novas afirmações, é uma forma prática de facilitar mudanças profundas na autoestima e na percepção de si mesmos. Além disso, a prática de mantras coletivos em grupo pode criar um campo vibracional coeso e elevado, promovendo estados de expansão, cura emocional e conexão espiritual.

O trabalho com a linguagem, portanto, não é apenas psicológico — é energético. Ao mudar a palavra, mudamos a frequência. E ao mudar a frequência, criamos condições para que novas realidades possam emergir. A fala se torna uma ferramenta de cura, e a palavra, um código de ativação da consciência.

A maestria na linguagem quântica culmina na compreensão de que cada palavra é uma escolha vibracional — uma frequência que, uma vez emitida, ativa uma cadeia de efeitos no campo quântico e na psique. Quando nos tornamos conscientes disso, passamos a tratar a palavra com reverência, não mais como um instrumento qualquer de expressão, mas como uma extensão do nosso poder de cocriar.

Nesse contexto, a fala deixa de ser algo casual e se torna um ato intencional de alinhamento com o que desejamos viver. Cada frase se transforma em uma pincelada na tela da realidade. Assim como o pintor escolhe cuidadosamente as cores, os traços e as formas, também escolhemos as palavras que moldam a nossa experiência. Esse processo requer presença, auto-observação e, acima de tudo, responsabilidade. Afinal, estamos criando — o tempo todo — com o que dizemos a nós mesmos, aos outros e ao universo.

Uma das práticas mais poderosas para integrar essa consciência é a criação deliberada de um vocabulário pessoal de poder. Trata-se de construir uma base linguística que seja coerente com os estados vibracionais mais elevados que queremos sustentar. Em vez de apenas eliminar expressões negativas, cultivamos ativamente uma linguagem que reflita fé, confiança, amor, expansão, criatividade e coragem.

Por exemplo, trocamos:

- "Tenho medo de falhar" por "Estou aprendendo a confiar no meu processo".
- "Isso é impossível" por "Ainda estou descobrindo o caminho para isso".
- "Não sou bom o suficiente" por "Estou em constante evolução e aprimoramento".

Essa transformação verbal não é superficial. Ao repetirmos essas novas frases com regularidade, reeducamos o cérebro, criamos novas trilhas neuronais e, o mais importante, alteramos o nosso campo vibracional. Com o tempo, a nova linguagem não soa mais artificial — ela se torna natural, porque a nova identidade vibracional já foi assimilada.

Outra dimensão importante da linguagem quântica é o silêncio. Embora o foco esteja nas palavras, o silêncio consciente também é uma linguagem poderosa. Saber quando calar é tão crucial quanto saber o que dizer. O silêncio não é ausência, mas presença elevada. É nele que a intenção é metabolizada, que a energia se organiza e que o campo responde. Em estados meditativos ou contemplativos, o silêncio atua como um recipiente para a manifestação. Nele, não há ruído vibracional — apenas a frequência pura da intenção sustentada.

Para terapeutas e facilitadores, ensinar os clientes a reconhecer e reformular o vocabulário que usam para descrever a si mesmos e suas experiências pode ter um impacto transformador. Expressões como "eu sou ansioso", "meu problema é crônico", "sempre erro nisso" não são descrições neutras, mas identificações vibracionais. Reformulá-las em expressões como "estou aprendendo a lidar melhor com minha ansiedade", "estou em processo de cura" ou "estou mais consciente dos meus padrões" já representa um salto significativo na autopercepção e no poder pessoal.

Além disso, conduzir práticas de cânticos de mantras coletivos, seja em sessões terapêuticas, rodas de cura ou encontros espirituais, intensifica a experiência de unidade e eleva a frequência do grupo. A repetição vocal de sons como "Om", "Shanti", "So Hum", ou mesmo mantras personalizados, cria uma ressonância que acalma o sistema nervoso, unifica a mente e ancora o grupo em um campo vibracional elevado. Essa experiência coletiva atua como um campo de coerência, acelerando processos de cura e expansão.

A linguagem, quando aliada à intenção e à presença, torna-se uma ponte entre o mundo interno e o mundo externo. Ela traduz o invisível para o visível. Aquilo que é apenas energia e potencialidade ganha forma, direção e potência através da palavra.

Por isso, ao falarmos, que sejamos conscientes do que estamos semeando. Ao escutarmos, que saibamos distinguir entre vozes que nos elevam e as que nos aprisionam. E ao escolhermos nossas palavras, que façamos isso com a mesma intenção com que um alquimista seleciona seus ingredientes: não para repetir o que é, mas para cocriar o que pode vir a ser.

Dominar a linguagem é dominar a frequência. E quem domina a frequência, domina a realidade.

Capítulo 20
Intuição Expandida

À medida que silenciamos a mente, iniciamos um processo de conexão mais profunda com o Campo Unificado, um espaço de pura potencialidade e informação que transcende o tempo e o espaço. Esse silêncio mental não é apenas a ausência de pensamentos, mas um estado de abertura e receptividade ao que está além dos sentidos comuns. Nesse ambiente, uma faculdade interior até então adormecida começa a emergir: a intuição. Enquanto a mente racional serve como nosso principal instrumento para compreender e interagir com o mundo já conhecido — analisando dados, comparando situações e tomando decisões lógicas —, a intuição se apresenta como a bússola indispensável para a exploração do desconhecido e do campo das possibilidades. Ela é, portanto, a percepção refinada do campo, uma aptidão de captar informações diretamente, sem depender dos tradicionais filtros do raciocínio lógico.

Diferente de crenças populares que associam a intuição à adivinhação ou a fenômenos místicos, ela deve ser compreendida como uma inteligência expandida, uma habilidade humana legítima e natural. Quando desenvolvida, é resultado do amadurecimento de uma mente que supera as limitações impostas pelos cinco sentidos e se permite acessar um espectro mais amplo de informações. O desenvolvimento da chamada mente quântica está intrinsecamente ligado à escuta, confiança e ação orientadas por essa voz interior, que se manifesta de maneira sutil e ao mesmo tempo poderosa.

A experiência intuitiva é a de simplesmente "saber" algo, mesmo que não haja evidências externas que justifiquem esse conhecimento. É aquele insight repentino, uma clareza quase instantânea, ou uma sensação profunda de direção a seguir diante de um impasse. No contexto de um universo onde tudo está interligado e toda informação existe como potencial no Campo Unificado, a intuição opera como uma antena sensível. Quando conseguimos elevar nosso estado vibracional, mantendo a mente tranquila e totalmente presente, aumentamos nossa receptividade à rede de informações universais. O desafio, nesse ponto, é aprender a decodificar esses sinais sutis, traduzindo-os em sabedoria prática para a condução da vida cotidiana.

Entretanto, uma das dificuldades mais recorrentes no desenvolvimento intuitivo é distinguir essa orientação interior dos impulsos emocionais. Muitas vezes, impulsos são confundidos com intuições, mas há diferenças fundamentais entre ambos. O impulso geralmente nasce de reações emocionais, seja medo, desejo, ansiedade ou padrões condicionados. Costuma ser barulhento, urgente e reativo, carregando uma energia intensa de ansiedade ou excitação. Já a intuição manifesta-se de modo silencioso, discreto e neutro, como um sussurro suave ou um sentimento sereno de certeza. Mesmo quando orienta para ações desafiadoras, a intuição é acompanhada por uma sensação interna de tranquilidade, sem tensão. Aprender a distinguir a voz do ego — que reage — da voz da alma — que responde — é um processo contínuo, que exige prática, auto-observação e um compromisso honesto com o autoconhecimento.

A intuição se manifesta de formas variadas, e cada pessoa pode ter maior afinidade com determinados canais perceptivos. Essa diversidade de manifestações mostra que a intuição não está restrita a um único modo de experiência, mas sim, adapta-se à natureza e sensibilidade de cada indivíduo. Entre os canais mais comuns de expressão intuitiva, destacam-se:

• Sensações físicas: O corpo é um dos mais antigos instrumentos de percepção intuitiva. Muitas vezes, ele capta e processa informações antes mesmo que a mente consciente as registre. Exemplos comuns incluem o conhecido "frio na espinha" diante de um perigo iminente, um "aperto no estômago" sinalizando um alerta ou uma sensação de expansão e leveza no peito ao intuir que algo é favorável. Essas reações físicas são registros primordiais, funcionando como sensores sutis que orientam nossas escolhas mesmo antes de serem racionalizadas.

• Insights súbitos: Às vezes, uma solução clara para um problema antigo surge de maneira inesperada, como se uma luz se acendesse de repente na mente. Esse tipo de insight costuma aparecer quando estamos relaxados, distantes da pressão de encontrar respostas, evidenciando que a mente aberta e tranquila cria espaço para o novo entrar. O pensamento lógico, por mais eficiente que seja, muitas vezes fica limitado a repetir velhos padrões; a intuição, por outro lado, traz uma perspectiva inovadora e disruptiva.

• Sonhos: O estado de sono é um momento privilegiado para o acesso intuitivo, pois o subconsciente utiliza símbolos, imagens e narrativas oníricas para se comunicar. Muitas pessoas relatam receber orientações, avisos ou esclarecimentos durante sonhos, percebendo posteriormente sua aplicação prática ao despertar. Os sonhos, dessa forma, servem como ponte entre o inconsciente e a consciência desperta, revelando informações valiosas de maneira indireta.

A intuição, ao contrário do que se pensa, não é um privilégio de poucos. Trata-se de uma aptidão intrínseca ao ser humano, uma habilidade latente que pode ser fortalecida com prática e dedicação. As técnicas apresentadas ao longo do capítulo até agora — o cultivo do silêncio interior, a meditação e a observação atenta das sincronicidades — constituem o terreno propício para o florescimento dessa faculdade. O silêncio conquistado pela meditação é fundamental, pois apenas em meio à quietude é possível perceber o delicado sussurro da intuição, geralmente abafado pelo ruído dos pensamentos incessantes.

Ao treinar a percepção dos sinais sutis da vida, aprendemos a reconhecer padrões de significado que extrapolam a lógica convencional. O exercício constante de presença, aliado à conexão com o corpo, aprimora ainda mais a nossa sensibilidade aos recados intuitivos.

Assim, a intuição se consolida como o sistema de orientação interna, uma bússola confiável na condução da chamada vida quântica, onde as respostas nem sempre estão visíveis à primeira vista, mas podem ser sentidas e reconhecidas quando damos espaço à nossa inteligência expandida.

Para fortalecer ativamente a sua intuição e transformar esse potencial em uma ferramenta confiável, existem práticas específicas que auxiliam no desenvolvimento dessa musculatura interna. Entre elas, o uso do diário intuitivo se destaca como um recurso essencial para construir confiança no próprio sentir, reconhecendo padrões e aprendendo a diferenciar os registros autênticos de simples impulsos emocionais.

1. Reserve uma seção em seu diário para anotar todos os seus pressentimentos, palpites e "coisas que você simplesmente sabe", mesmo que pareçam irrelevantes ou pequenas. O registro constante desses momentos cria um histórico pessoal, permitindo observar como a intuição se manifesta no dia a dia.
2. Com o passar dos dias e semanas, retorne a esses registros e avalie se os insights realmente se confirmaram. Ao perceber que um pressentimento foi validado, faça uma anotação ao lado. Esse processo não busca apenas "acertos", mas visa validar a sensibilidade intuitiva e estimular a confiança nas próprias percepções.
3. Identifique e anote padrões recorrentes. Você pode perceber, por exemplo, que sua intuição é mais aguçada em relação a determinadas pessoas, situações ou temas, ou ainda, que alguns sonhos

frequentemente se mostram premonitórios. Esse reconhecimento aprofunda a compreensão do próprio canal intuitivo e amplia a autoconfiança.

4. Use o diário como um laboratório para diferenciar o sentir genuíno da intuição do sentir derivado do medo ou da ansiedade. Descreva detalhadamente as sensações físicas e emocionais que acompanham cada experiência, observando, com o tempo, as assinaturas distintas de cada uma.

Além do diário, a "meditação da pergunta" é uma técnica que favorece o acesso consciente à sabedoria interna. Este exercício consiste em, primeiro, sentar-se em silêncio e respirar profundamente, acalmando a mente. Após atingir um estado de centramento, formula-se mentalmente uma pergunta clara e objetiva, como: "Qual é o próximo passo mais alinhado para mim nesta situação?". Em seguida, solta-se a questão, sem forçar a mente racional a buscar respostas. O foco é permanecer em receptividade plena, atento a qualquer palavra, imagem, sensação física ou até mesmo ao silêncio, que possa surgir como resposta. O registro dessas percepções, sem julgamento ou análise excessiva, no diário, complementa a prática, pois a resposta pode se manifestar não necessariamente no momento da meditação, mas por meio de sincronicidades ao longo dos dias seguintes.

No contexto terapêutico, estimular os clientes a ouvirem e confiarem em sua própria voz interior é um dos maiores presentes que um profissional pode oferecer. Ao propor exercícios semanais de silêncio e de registro das percepções, o terapeuta auxilia o indivíduo a fortalecer sua autonomia e a desenvolver uma orientação interna mais segura, rompendo a dependência excessiva de conselhos externos.

Por fim, é importante lembrar que a mente racional e a intuição não são opostas, mas complementares. A razão é indispensável para lidar com questões práticas, analisando e processando informações já conhecidas. Entretanto, ela opera, em geral, com base nas experiências do passado. A intuição, ao contrário, nos conecta com o campo das infinitas possibilidades e nos capacita a perceber potenciais que ainda não se manifestaram. Confiar na intuição exige coragem para dar um salto de fé, transitando da segurança do que já foi experimentado para o universo do novo. A mente quântica, plenamente desenvolvida, integra a lógica da razão com a sabedoria intuitiva, tornando-se um instrumento poderoso de realização e crescimento. Assim, a vida é guiada não apenas por dados e fatos, mas por uma inteligência expandida e profunda, capaz de revelar caminhos onde antes só havia incerteza.

Capítulo 21
Colapso da Realidade

Chegamos ao ápice da jornada de autodescoberta, onde os fundamentos da mente quântica convergem para um ponto de transformação concreta. Este é o instante em que as ideias deixam de ser apenas potenciais e assumem forma no mundo material — o momento da criação, onde aquilo que era invisível se revela em nossa experiência. Na física quântica, essa passagem do potencial ao real é descrita pelo conceito de "colapso da função de onda". Segundo esse princípio, uma partícula subatômica permanece em um estado de múltiplas possibilidades, coexistindo em diferentes locais e condições, até que um ato de observação ou medição aconteça. Ao ser observada, a partícula "escolhe" uma possibilidade, colapsando de uma onda de probabilidades para um único estado definido. Este fenômeno, embora de natureza científica, serve como metáfora poderosa para a experiência humana de criação da realidade.

Na perspectiva do desenvolvimento humano, colapsar a realidade significa transformar o que está no plano do invisível, do potencial energético, em algo palpável e real. O campo quântico é descrito como um oceano de infinitas possibilidades, onde cada futuro desejado — saúde, prosperidade, relacionamentos, realizações — existe sob a forma de uma onda de probabilidade. O que determina qual dessas ondas se tornará uma realidade concreta em nossa vida é a qualidade da nossa observação consciente, que compreende a soma de nossa atenção, intenção, crenças, pensamentos e emoções. Não é apenas olhar ou desejar de forma superficial, mas sim envolver-se de maneira profunda e coerente, com todos os níveis do ser alinhados. É assim que a nossa frequência pessoal, quando coerente, atua como instrumento de medição e interação com o campo, precipitando uma realidade específica para nossa experiência.

É fundamental compreender que estamos colapsando a realidade a todo momento, quer estejamos conscientes disso ou não. O verdadeiro diferencial está em reconhecer como fazemos isso: de maneira inconsciente ou consciente. O colapso inconsciente é o padrão predominante na humanidade. Esse modo automático ocorre quando vivemos no piloto automático, conduzidos por padrões herdados, crenças limitantes, emoções não resolvidas e pensamentos aleatórios. Neste estado, nossa energia se dispersa, muitas vezes vibrando em torno do medo, da escassez e da dúvida. Como resultado, acabamos colapsando realidades que refletem essa desordem interna, repetindo situações de conflito, limitação e insatisfação. Esse é o perigo do automatismo: materializar realidades indesejadas simplesmente por falta de atenção plena e presença consciente.

Em contrapartida, o colapso consciente representa o ápice da prática da mente quântica. Trata-se do ato intencional de alinhar nosso universo interior para selecionar e manifestar, de maneira deliberada, a realidade que desejamos vivenciar. Nesse processo, os pensamentos e emoções desempenham papel central. Um pensamento bem definido, mantido com foco e clareza, funciona como o plano, o projeto daquilo que queremos experimentar. A emoção elevada, por sua vez, é o magneto que atrai as condições, pessoas e oportunidades necessárias do campo quântico para dar forma ao desejo. Quando conseguimos pensar e sentir a partir do resultado já concretizado — por exemplo, sentir gratidão pela cura antes que ela aconteça, ou experimentar alegria pela abundância antes que ela se manifeste fisicamente —, criamos um vácuo eletromagnético capaz de mobilizar o universo a nosso favor. Este vácuo atrai, de maneira acelerada e eficiente, os elementos que irão materializar o nosso objetivo.

Na prática, não importa se buscamos transformação na saúde, na prosperidade financeira ou nos relacionamentos: o mecanismo do colapso da realidade opera da mesma forma em todas as áreas da vida. Para manifestar uma realidade de saúde, por exemplo, não basta apenas desejar estar livre de doenças ou problemas. O foco precisa se deslocar da ausência do problema para a presença de vitalidade. Isso significa visualizar um corpo vigoroso, sentir a energia fluindo por cada célula e agir de acordo com essa visão de bem-estar, mesmo antes que ela se concretize no mundo físico. No caso da prosperidade, o processo exige uma mudança de mentalidade: ao invés de concentrar-se na falta ou nas dívidas, a atenção se volta para a gratidão pelo que já se possui, desenvolvendo uma sensação interna de abundância e liberdade. Com isso, as ações passam a refletir essa nova postura, reforçando a coerência entre intenção, emoção e atitude.

Esse processo criativo de transformação da realidade pode ser compreendido e aplicado de forma sistemática por meio de quatro passos fundamentais:

1. Clareza da intenção: É essencial ser absolutamente específico e claro sobre o que se deseja colapsar. Intenções vagas geram resultados imprecisos. Definir com exatidão a realidade desejada orienta o foco e direciona a energia de maneira eficiente. A clareza atua como o ponto de partida que dá forma ao potencial.

2. Emoção alinhada: Mais do que um pensamento ou desejo, a intenção deve ser carregada com a emoção correspondente ao resultado já realizado. É sentir no corpo a alegria, gratidão, segurança ou liberdade como se já fossem reais. Essa emoção, sentida de forma genuína, torna-se a assinatura magnética que atrai a experiência desejada do campo quântico para a vida concreta.

3. Ação coerente: Agir de acordo com a nova realidade é fundamental. As ações concretas servem como testemunhos do compromisso com o que se busca manifestar. Quando alguém passa a agir como a pessoa que já conquistou aquilo que deseja — adotando hábitos, posturas e escolhas compatíveis com essa nova identidade —, estabelece-se uma ponte entre o campo

energético e o mundo físico. A ação é o elo indispensável que traduz intenção em experiência.

4. Confiança no processo: Após definir a intenção, vibrar na emoção correspondente e agir de maneira coerente, é preciso soltar o controle. Confiar na inteligência do Campo Unificado para orquestrar os detalhes, sem ansiedade quanto ao "como" ou ao "quando". O desejo de controlar cada aspecto do processo gera tensão e resistência, prejudicando a clareza do sinal emitido ao campo. Entregar é um gesto de confiança e abertura para o inesperado.

Esses quatro passos podem ser aplicados a qualquer objetivo e são especialmente úteis para quem está iniciando o treino do colapso consciente. Ao se apropriar dessas etapas, começamos a perceber que a manifestação da realidade não é fruto do acaso, mas de um alinhamento intencional entre pensamento, emoção, ação e confiança.

Para exercitar essa habilidade no cotidiano, recomenda-se começar com pequenas metas ou situações de menor complexidade. Por exemplo, definir como objetivo ter uma conversa agradável com alguém, encontrar uma vaga de estacionamento em local movimentado ou participar de uma reunião produtiva. Antes do evento, reserve alguns minutos para visualizar, com clareza, o desfecho desejado, imaginando-se vivendo aquela experiência de forma leve e positiva. Enquanto visualiza, sinta no corpo a emoção do resultado já realizado: o alívio, a satisfação, a alegria. Deixe que esse sentimento impregne sua postura e sua energia. Quando a situação acontecer, entre nela com a atitude compatível com o que visualizou — seja entrando em uma conversa com disposição para a compreensão mútua ou dirigindo-se ao estacionamento com tranquilidade e confiança.

Após o evento, observe atentamente como o resultado se manifestou. Ainda que não aconteça exatamente como foi imaginado, reflita sobre o impacto que a sua preparação interna teve no resultado externo. Reconhecer esses efeitos é fundamental para fortalecer a confiança no próprio poder criativo e para ampliar a capacidade de colapsar realidades mais complexas no futuro.

Para quem atua como terapeuta ou facilitador do desenvolvimento humano, ensinar os clientes a reconhecerem que os resultados de suas vidas são consequência direta do foco de sua consciência — seja de maneira consciente ou inconsciente — é um dos maiores agentes de transformação. Quando o indivíduo percebe que a realidade que experimenta é, em grande parte, o reflexo daquilo que ele alimenta internamente, abre-se espaço para um protagonismo verdadeiro. A prática do colapso consciente, especialmente quando aplicada em situações cotidianas e de pequena escala, serve como laboratório experimental onde cada pessoa pode acumular experiências e evidências de que é, efetivamente, criadora ativa de sua realidade.

Propor atividades semanais em que o cliente escolhe uma situação simples e aplica os passos do colapso consciente ajuda a consolidar esse aprendizado. Com o tempo, o cliente começa a notar padrões de sucesso, fortalece a autoconfiança e passa a assumir responsabilidade por áreas maiores e mais desafiadoras de sua vida. Esse portfólio de experiências diretas rompe a barreira da teoria e insere o indivíduo no campo da prática vivencial, onde a verdadeira transformação acontece.

O colapso da realidade não deve ser entendido como um fenômeno raro, inacessível ou reservado apenas a mestres espirituais ou pessoas com dons especiais. Na verdade, trata-se de um processo contínuo, natural e inevitável, que ocorre a cada instante de nossas vidas. A todo momento, com cada pensamento que sustentamos, cada emoção que sentimos, cada palavra que expressamos e cada ação que tomamos, estamos, de fato, escolhendo e colapsando uma dentre as infinitas possibilidades existentes no campo quântico.

A diferença fundamental reside na consciência do processo. Viver por padrão, repetindo velhos programas inconscientes, mantém-nos presos a realidades limitantes, que refletem antigas crenças e medos não resolvidos. Por outro lado, viver por desígnio, com intenção e presença, permite assumir as rédeas do próprio destino, conduzindo a vida de maneira autoral e criativa. A cada decisão, a cada instante de presença, reafirmamos o nosso papel de cocriadores da realidade, tornando possível a manifestação de futuros mais alinhados com nossos verdadeiros desejos e valores.

Esse entendimento aprofunda a responsabilidade pessoal e inaugura um novo patamar de liberdade interior. Quanto mais praticamos o colapso consciente, mais nos tornamos capazes de escolher com sabedoria, direcionar nossa energia de maneira produtiva e materializar realidades que refletem nosso melhor potencial. Assim, a vida deixa de ser uma sequência de eventos aleatórios e passa a ser uma expressão direta de nossa consciência focada e intencional. O segredo não está em evitar o colapso da realidade, mas sim em despertar para como e por que estamos continuamente colapsando, momento a momento, a nossa experiência única no universo das possibilidades infinitas.

Capítulo 22
Multiplicidade de Mundos

O ato de colapsar a realidade a partir do vasto campo de infinitas possibilidades leva a mente quântica a um dos conceitos mais audaciosos e fascinantes: a multiplicidade de mundos, ou o multiverso. Esta ideia, originalmente formulada na física quântica sob o nome de teoria dos muitos mundos, sugere que a cada evento quântico, o universo se ramifica em múltiplos caminhos, gerando versões alternativas da realidade. Embora esse conceito seja tema de intensos debates científicos, sua força como metáfora para a vida cotidiana é imensa e transformadora. Ele nos convida a abandonar a visão linear, determinista e rígida do destino para adotar uma perspectiva mais aberta, dinâmica e libertadora, na qual cada escolha é uma bifurcação real, capaz de alterar profundamente a trajetória da experiência individual.

Visualizar a vida como uma árvore de possibilidades, cheia de galhos e ramos que se multiplicam a partir de cada decisão tomada, amplia radicalmente a percepção do nosso papel na criação do próprio destino. Em vez de imaginar a existência como uma linha única, pré-definida e inevitável, passamos a enxergar uma infinidade de linhas de tempo, cada uma representando um conjunto de experiências e desdobramentos possíveis. Assim, escolhas aparentemente pequenas, como aceitar ou recusar um convite, iniciar ou não uma conversa, tornam-se portais para realidades distintas. Há versões da vida onde certas portas foram abertas, enquanto em outras permaneceram fechadas. Tudo isso existe como potencial latente no Campo Unificado — o oceano de possibilidades onde cada desfecho aguarda para ser escolhido pela nossa consciência.

A mente quântica amadurecida se reconhece como uma navegadora ativa e consciente nesse universo de alternativas. Em vez de se considerar uma vítima do acaso ou de um destino rígido, compreende que a sua vibração, suas escolhas e sua atenção funcionam como instrumentos que sintonizam determinadas realidades e não outras. Esse entendimento transforma radicalmente o sentido de responsabilidade pessoal: a linha de tempo que vivenciamos não é um simples resultado de fatores externos ou de "sorte", mas sim uma seleção feita, momento a momento, de acordo com o padrão vibracional predominante.

Nesse contexto, se cultivamos emoções e pensamentos baseados no medo, na escassez ou na desconfiança, estamos sintonizando versões da realidade onde tais emoções são confirmadas pelos eventos à nossa volta. Vivemos em mundos que espelham nossas vibrações, atraindo circunstâncias e pessoas que reforçam aquele padrão. O contrário também é verdadeiro: ao elevar a frequência emocional, mantendo sentimentos de confiança, gratidão e amor, tornamo-nos ressonantes com linhas de tempo nas quais o apoio mútuo, a sincronicidade positiva e as oportunidades se apresentam com maior facilidade. Não se trata, portanto, de mundos fisicamente separados, mas sim de estratos vibracionais que coexistem no mesmo espaço-tempo, acessíveis segundo o alinhamento da nossa consciência.

As ferramentas para navegar conscientemente entre esses mundos possíveis são, na essência, a integração prática de todos os conceitos abordados até aqui: intenção clara, visualização criativa, emoção elevada e coerência entre pensamento, sentimento e ação. Cada uma dessas ferramentas atua em conjunto para ancorar e estabilizar a nossa escolha vibracional, tornando o futuro desejado cada vez mais provável até que ele, enfim, se torne realidade manifestada. Não se trata de um ato único, grandioso e isolado, mas do resultado de pequenas escolhas diárias, que, somadas, mantêm nossa frequência ajustada à realidade que almejamos habitar.

Um dos maiores desafios nesse processo de navegação entre mundos é evitar a dispersão energética. A mente humana, quando indecisa ou sujeita a desejos contraditórios, fragmenta sua força criadora. Isso ocorre quando a intenção não é sustentada, quando mudamos de ideia constantemente, ou quando mantemos sentimentos ambíguos em relação ao que desejamos. Essa fragmentação é comparável ao viajante que, diante de uma encruzilhada, tenta caminhar por todos os caminhos ao mesmo tempo — e, como resultado, não avança por nenhum deles de forma efetiva. A estagnação se torna inevitável. A mente quântica desenvolve, então, a disciplina do foco: aprende a escolher um destino vibracional, alinhar-se a ele e sustentar esse alinhamento com consistência e presença, permitindo que a energia se acumule e, finalmente, o desdobramento da realidade se materialize de forma inevitável.

Mas como distinguir se estamos escolhendo futuros realmente saudáveis e coerentes com o nosso potencial mais elevado? Para isso, nossa intuição e nosso corpo se tornam bússolas indispensáveis. Existem sinais claros que apontam para o alinhamento verdadeiro com linhas de tempo expansivas:

- Sensação de leveza: Quando seguimos o caminho do alinhamento, há uma sensação de fluidez e leveza, mesmo que surjam desafios. O peso excessivo e a resistência geralmente indicam um desalinhamento entre o que queremos e o que estamos escolhendo.
- Emoções positivas: O alinhamento com o nosso bem maior se traduz em sentimentos de paz, entusiasmo e confiança. Quando a ansiedade e a dúvida predominam, é sinal de que talvez seja necessário reavaliar o caminho escolhido.
- Ações alinhadas ao propósito: Quando a decisão está sintonizada com o propósito pessoal, sentimos motivação natural e clareza nas ações, e a procrastinação e a autossabotagem perdem força.
- Repetição de sincronicidades favoráveis: O universo parece responder, enviando confirmações na forma de coincidências significativas, sinais e oportunidades que validam a direção escolhida.

Para desenvolver a habilidade de navegar conscientemente entre futuros possíveis, o exercício da escolha de futuros é uma prática meditativa simples, porém poderosa:

1. Diante de uma decisão importante, encontre um momento de silêncio e tranquilidade. Feche os olhos e acalme a mente.
2. Visualize um dos caminhos possíveis, projetando-se mentalmente e emocionalmente nessa realidade. Viva as consequências dessa escolha daqui a um mês, seis meses, um ano. Não se prenda à lógica; apenas sinta as emoções e percepções corporais.
3. Retorne ao estado neutro e explore, do mesmo modo, um segundo caminho possível. Registre, novamente, as sensações e sentimentos gerados.
4. Repita o processo, se houver mais opções, e então compare as sensações de cada futuro potencial. O caminho que gerar mais paz, confiança e expansão deve ser a escolha guiada pela sabedoria interior.
5. Uma vez tomada a decisão, comprometa-se com ela e inicie ações concretas em sua direção.

Para os terapeutas e profissionais do desenvolvimento humano, facilitar esse tipo de exercício com seus clientes pode ser um recurso de empoderamento profundo, especialmente para quem sente-se paralisado diante de escolhas importantes ou vive sob o peso da indecisão crônica. Ao conduzir práticas de visualização consciente de futuros, o terapeuta ajuda o cliente a compreender, de forma vivencial, que cada pequena decisão representa um ponto de criação ativa da realidade. Isso desloca o foco da impotência e do fatalismo para a responsabilidade e a liberdade criadora, colocando o indivíduo como protagonista e arquiteto de sua própria jornada.

Esse entendimento, de que não somos passageiros passivos em uma única e inalterável linha do tempo, mas sim exploradores conscientes de um multiverso de possibilidades, amplia a visão de mundo e fortalece a autonomia interior. Cada momento de atenção, cada escolha sustentada com intenção clara e emoção coerente, representa uma ancoragem vibracional em determinada linha de tempo. A vida, então, torna-se uma aventura dinâmica de navegação entre mundos, em que a frequência predominante — determinada por nossos sentimentos, pensamentos e ações — define o tipo de experiências que atraímos e vivenciamos.

Além do exercício meditativo, trazer essa consciência para as pequenas decisões diárias transforma radicalmente o modo como conduzimos nossa existência. Escolher com presença — seja no que diz respeito a relacionamentos, trabalho, saúde ou bem-estar — é, ao mesmo tempo, um ato de criação e um gesto de cuidado consigo mesmo. É entender que, a cada instante, há múltiplos futuros acessíveis, esperando apenas a nossa escolha vibracional para se materializarem.

Outro ponto essencial é o reconhecimento dos sinais que a própria vida oferece ao longo do caminho. Quando estamos alinhados com um futuro expansivo, sincronicidades favoráveis se repetem, as portas certas se abrem, e os desafios são enfrentados com uma sensação de leveza e motivação renovada. A procrastinação, a autossabotagem e a hesitação diminuem, e surge um sentimento claro de propósito. Por isso, o acompanhamento constante das emoções, sensações físicas e eventos do cotidiano torna-se uma espécie de bússola para a navegação consciente entre as realidades possíveis.

No contexto terapêutico, reforçar que cada cliente é cocriador ativo do próprio destino — e não apenas alguém submetido a circunstâncias externas ou a forças imutáveis — pode ser revolucionário. Ao propor práticas e reflexões baseadas na multiplicidade de mundos, o terapeuta oferece ao cliente a chance de experimentar, na prática, o poder transformador da mente quântica, tornando o processo de mudança pessoal mais leve, motivador e sustentável.

Assim, o convite da multiplicidade de mundos é para que todos nós nos vejamos como navegadores ativos em um mar de potencialidades, capazes de escolher e criar, a cada momento, a experiência que desejamos ancorar em nossa existência. A mente quântica não apenas reconhece essa liberdade, mas a utiliza de maneira consciente, guiando-se pela intuição, pelo propósito e pela coerência, na arte de decidir, viver e transformar.

Capítulo 23
Cura Quântica

A aplicação mais profunda e transformadora dos princípios da mente quântica se revela quando direcionamos nosso olhar para dentro, para o próprio corpo, e exploramos o fascinante processo de cura. Compreender que pensamentos, emoções e intenções não apenas moldam a realidade externa, mas também influenciam diretamente a realidade biológica, é expandir a noção de saúde e doença para além do campo físico. A cura quântica não propõe técnicas miraculosas nem sugere abandonar os recursos da medicina tradicional, mas apresenta uma visão ampliada e integradora: saúde é um estado de coerência energética, enquanto doença reflete uma condição de dissonância. A verdadeira cura, portanto, consiste em restabelecer a informação harmônica no campo do corpo, permitindo que ele retome sua matriz original de equilíbrio, vitalidade e bem-estar.

Desde o início, é essencial ressaltar que a abordagem da cura quântica complementa, mas não substitui, a medicina convencional. A medicina tradicional é insubstituível no tratamento de emergências, traumas e doenças instaladas em níveis físico-químicos. Já a cura quântica atua no plano sutil, na matriz informacional e energética que organiza a matéria. Seu foco é identificar e corrigir desequilíbrios nesse campo antes mesmo de eles se manifestarem fisicamente, ou enquanto coexistem com sintomas no corpo. Trata-se, assim, de uma aliança entre o cuidado do corpo material e o cuidado da consciência que o permeia e informa.

Essa perspectiva fundamenta-se numa visão holística do ser humano, entendido como uma unidade indissociável de corpo, mente e espírito. O corpo não é uma máquina isolada, sujeita a falhas aleatórias, mas sim o espelho fiel da consciência e da energia que sustenta a vida. Cada célula responde ao campo eletromagnético gerado por pensamentos, emoções e crenças. Traumas não resolvidos, crenças negativas e estados prolongados de estresse criam padrões de energia incoerentes, que ao longo do tempo, podem se manifestar como sintomas físicos e doenças. Assim, a doença deixa de ser um simples erro biológico para se tornar um mensageiro, um chamado para restabelecer o equilíbrio interior. A cura, vista por esse prisma, é mais do que silenciar sintomas; é restaurar a harmonia em todos os níveis do ser.

Nesse contexto, as ferramentas da cura vibracional são as mesmas que já foram utilizadas para criar a realidade externa, agora aplicadas com um foco preciso no restabelecimento do bem-estar. A visualização criativa, por exemplo, permite criar imagens mentais nítidas de saúde perfeita, funcionando como um "mapa" para que o corpo reencontre o caminho da autorregulação. A intenção clara atua como um comando, direcionando o campo para restaurar a ordem natural. Práticas de toque energético — como Reiki, passes magnéticos ou magnetismo terapêutico — utilizam as mãos como instrumentos para transmitir energia coerente, dissolvendo bloqueios e revitalizando o campo biológico.

A capacidade de cura quântica, em sua essência, reside no interior de cada ser humano. O princípio fundamental da autocura afirma que somos participantes ativos e responsáveis pela frequência energética que mantemos, e que podemos nos engajar conscientemente no cuidado do nosso próprio bem-estar. Esse entendimento devolve ao indivíduo o protagonismo sobre o próprio corpo e vida, transformando a saúde em um processo dinâmico e consciente. Praticar a autocura não significa se isolar de outras formas de tratamento, mas sim complementar qualquer abordagem com a força poderosa da intenção, da visualização e da coerência emocional.

Contudo, a dimensão coletiva da cura também é valiosa. Muitas pessoas sentem o chamado para atuar como canais ou facilitadores de cura para outros. Nesse papel, a humildade e a ética são princípios indispensáveis. O curador quântico compreende que não é a fonte da cura, mas sim um canal para a energia inteligente do Campo Unificado. Sua tarefa primordial é criar um ambiente vibracional elevado, de segurança, respeito e permissão, onde a inteligência inata do corpo da outra pessoa possa ser ativada para realizar os ajustes necessários. O consentimento é a regra de ouro —

nenhuma intervenção energética deve ocorrer sem a permissão explícita do receptor.

As aplicações da cura quântica são amplas e podem ser facilmente integradas na rotina diária de autocuidado ou no acompanhamento terapêutico de outros. Entre os benefícios mais observados, destacam-se:

• Redução do estresse: Silenciar a mente, cultivar emoções elevadas e meditar regularmente harmoniza o sistema nervoso autônomo, diminuindo níveis de cortisol e promovendo relaxamento profundo.

• Fortalecimento do sistema imunológico: Um campo energético coerente, alimentado por pensamentos positivos e emoções de gratidão, fortalece a resposta imunológica, tornando o corpo mais resistente a doenças.

• Clareza emocional: Ao liberar padrões emocionais antigos e energias estagnadas, restauramos o fluxo saudável de sentimentos, favorecendo paz, leveza e equilíbrio interior.

• Apoio a tratamentos médicos: O trabalho energético pode acelerar a recuperação em casos de doenças, diminuir efeitos colaterais de medicamentos e tratamentos invasivos, e fortalecer o estado emocional durante períodos de desafio físico.

Para iniciar ou aprofundar a prática pessoal, um exercício simples de autocura quântica pode ser realizado diariamente:

1. Sente-se ou deite-se confortavelmente em um lugar tranquilo, garantindo que não será

interrompido. Faça algumas respirações profundas para centrar-se e acalmar a mente.

2. Coloque as mãos suavemente sobre a área do corpo que necessita de atenção, ou sobre o coração caso o desconforto seja geral ou emocional.

3. Feche os olhos e visualize, ao inspirar, uma luz dourada, vibrante e curativa entrando pelo topo da cabeça e preenchendo todo o seu corpo com vitalidade.

4. Ao expirar, imagine essa luz sendo direcionada pelas mãos, penetrando profundamente na região tocada, dissolvendo bloqueios e restaurando a ordem natural.

5. Permaneça nessa prática por pelo menos dez minutos, mantendo o foco na intenção de cura e sentindo gratidão pelo corpo e pela inteligência que nele habita.

Para quem deseja facilitar a cura em outras pessoas, a prática quântica exige ainda mais cuidado, consciência ética e sensibilidade. O processo começa sempre pelo consentimento claro do receptor, pois a verdadeira cura ocorre no campo da autonomia e do respeito mútuo. Uma vez estabelecida essa permissão, a prática pode ser conduzida de maneira simples, mas profunda:

1. Com o consentimento já dado, peça para a pessoa se sentar ou deitar confortavelmente, em um ambiente calmo.

2. Sente-se ao lado dela, buscando um estado de presença, calma e centramento. Posicione as mãos a poucos centímetros da área do corpo que precisa de atenção ou equilíbrio.

3. Inspire com intenção, mentalizando ser um canal puro para a energia de cura universal, permitindo que ela flua através de você.

4. Ao expirar, visualize a energia fluindo das suas mãos para o campo da outra pessoa, dissolvendo bloqueios, promovendo reorganização e restaurando a harmonia.

5. Mantenha-se nesse processo com atenção plena, sem tentar controlar ou forçar o resultado — confie na inteligência do Campo Unificado e do corpo do receptor.

6. Ao concluir, afaste as mãos lentamente, encerrando o momento com um breve silêncio de gratidão e respeito, reconhecendo a capacidade de autocura de quem recebeu a energia.

No contexto terapêutico, diversas modalidades organizadas — como Reiki, Cura Prânica e Toque Terapêutico — oferecem métodos estruturados para a prática da cura energética, facilitando a integração desses princípios no trabalho com clientes. O ensinamento mais importante, tanto para terapeutas quanto para pessoas em processo de autocura, é lembrar que ninguém "cura" ninguém: o verdadeiro curador é a inteligência da vida que flui através de cada ser. O papel do terapeuta ou facilitador é sustentar um campo de alta frequência, confiança e acolhimento, onde a própria capacidade de autotransformação do receptor é ativada.

A visão da cura quântica nos convida a transcender o paradigma mecanicista que encara o corpo apenas como máquina, sujeita a falhas fortuitas. Ela nos lembra que somos seres de energia, informação e consciência, capazes de restaurar o equilíbrio natural por meio do alinhamento vibracional. Participar ativamente do processo de cura é um gesto de poder e amor-próprio, uma declaração de que merecemos viver em harmonia e vitalidade. Não se trata de uma batalha contra a doença, mas de um profundo ato de reconexão com o fluxo inteligente e amoroso da vida, que nos habita e nos sustenta em todos os níveis.

Assim, a cura quântica é, em última instância, o convite para nos tornarmos coautores do nosso bem-estar, cultivando uma nova relação com o corpo, a mente e o espírito. Ao integrar práticas energéticas, intenção focada e estados elevados de emoção, relembramos ao nosso organismo o seu potencial natural de regeneração e equilíbrio, abrindo caminho para uma saúde vibrante e duradoura, em sintonia com o propósito mais elevado de nossa existência.

Capítulo 24
Aplicações no Cotidiano

A jornada da mente quântica alcança sua maturidade quando os ensinamentos deixam de ser apenas compreendidos intelectualmente e passam a ser incorporados ao cotidiano, transformando os pequenos e grandes momentos da vida. Viver com uma mente quântica não significa buscar refúgio em abstrações espirituais ou se distanciar da vida prática. Ao contrário, é um convite para mergulhar ainda mais consciente e profundamente na experiência diária, utilizando cada situação como um campo fértil para aplicar os princípios do novo paradigma. O verdadeiro termômetro do desenvolvimento quântico não está no silêncio da meditação isolada, mas sim na capacidade de levar essa serenidade, clareza e presença para ambientes como o trabalho, a família, a gestão da saúde e das finanças, bem como para o cultivo da espiritualidade em cada gesto.

No trabalho, a mente quântica se revela como uma ferramenta transformadora, capaz de elevar a criatividade e a cooperação a patamares inéditos. A criatividade, por exemplo, floresce quando adotamos a perspectiva das múltiplas possibilidades (conforme explorado no Capítulo 22), encarando desafios não como bloqueios, mas como oportunidades para inovar e co-criar soluções originais. Relações profissionais se tornam mais saudáveis e produtivas quando enxergamos colegas de equipe como aliados em uma teia interconectada, em vez de rivais ou obstáculos. O simples ato de praticar a escuta ativa e a empatia, antes de uma reunião ou apresentação, pode ser potencializado com visualizações e afirmações, projetando internamente confiança, clareza e abertura para o diálogo. Dessa forma, o ambiente de trabalho passa a refletir um campo de maior coerência, inovação e colaboração, beneficiando todos os envolvidos.

Nas relações familiares e interpessoais, os princípios quânticos são igualmente poderosos. Ao compreender que cada indivíduo percebe a realidade sob o filtro de suas próprias experiências e crenças (tema abordado no Capítulo 2), desenvolvemos tolerância e compaixão, substituindo julgamentos por escuta e compreensão. Cuidar da linguagem é outro aspecto fundamental: palavras têm poder vibracional e podem criar pontes ou muros entre as pessoas (como explorado no Capítulo 19). O simples hábito de expressar gratidão e apreciação no convívio familiar eleva a frequência do lar, prevenindo e dissolvendo ressentimentos antes que cresçam. Ao invés de focar nas limitações ou defeitos dos outros, escolhemos realçar qualidades, colapsando realidades de maior afeto, aceitação e conexão genuína.

No campo da saúde, a mente quântica inspira uma mudança radical: do papel passivo de "paciente" para uma postura ativa de autocuidado e responsabilidade pelo próprio bem-estar. Práticas como a visualização de saúde e vitalidade logo ao acordar, a escolha consciente de alimentos que sustentam alta frequência, a atenção plena durante as refeições e o uso de técnicas de respiração e autocura (como visto no Capítulo 23) tornam-se rotinas diárias. Dessa forma, saúde deixa de ser mera ausência de sintomas para se tornar um estado positivo de presença consciente, harmonia e energia vital fluindo em todos os níveis do ser.

No campo das finanças, a aplicação da mente quântica promove uma verdadeira reeducação mental e emocional, capaz de transformar paradigmas profundamente arraigados de escassez em uma postura vibracional de abundância. Diferente das promessas simplistas de enriquecimento instantâneo, o enfoque quântico não está em fórmulas milagrosas, mas no cultivo contínuo de uma consciência próspera, que começa pela linguagem e pelos pensamentos diários. Palavras como "dívida", "falta" ou "impossível" são gradualmente substituídas por expressões de suficiência, gratidão e possibilidade, moldando internamente um campo propício para novas oportunidades.

A prática diária da gratidão, inclusive pelas pequenas conquistas financeiras, cria uma ressonância positiva que atrai mais motivos para agradecer. Esse hábito, somado à liberação de crenças limitantes sobre dinheiro e à aceitação do potencial infinito do universo, amplia as possibilidades de receber recursos de maneiras inesperadas. Dessa forma, a mente quântica não nega a realidade financeira concreta, mas se recusa a ficar presa ao medo e à limitação, abrindo espaço para prosperidade consciente, escolhas alinhadas e decisões mais assertivas na gestão dos próprios recursos.

Na esfera da espiritualidade, a mente quântica ensina que o sagrado pode ser acessado em qualquer momento e lugar, não se restringindo a templos, rituais tradicionais ou horários fixos. A espiritualidade diária se manifesta na conexão profunda com a natureza durante uma caminhada, no sentimento de unidade ao contemplar o próximo, ou no serviço altruísta praticado com intenção pura. Manter uma conexão regular com o campo unificado, seja através da contemplação, da meditação silenciosa ou da prática da presença, transforma a espiritualidade em uma força viva e integradora, permeando todas as áreas da existência.

Para que toda essa integração não se perca em meio à velocidade e à rotina do dia a dia, a criação de pequenos rituais se mostra indispensável. Um ritual, na perspectiva quântica, é qualquer ação feita de maneira consciente, carregada de intenção e significado, capaz de ancorar o alinhamento interior em gestos cotidianos. O ritual matinal é um dos mais poderosos, pois define o tom vibracional do restante do dia. Praticá-lo com regularidade cria um campo de coerência e presença, tornando mais fácil manter o foco, a clareza e o equilíbrio nas adversidades.

1. Ao despertar, permaneça de olhos fechados por alguns instantes, respirando profundamente para ancorar-se no presente.

2. Coloque a mão sobre o coração e reconheça, com gratidão, três aspectos simples: seu corpo, seu abrigo, a oportunidade de viver um novo dia.

3. Visualize mentalmente o dia que se inicia, vendo-se passar por cada atividade com leveza, calma e confiança.

4. Reforce a intenção com uma afirmação, dita em voz alta ou mentalmente: "Eu sou o criador consciente da minha realidade."

5. Só então, levante-se e inicie suas tarefas, carregando consigo essa energia elevada.

Esse ritual, embora simples, pode transformar radicalmente o modo como lidamos com desafios e oportunidades, tornando a mente quântica uma aliada constante.

Para terapeutas e facilitadores do desenvolvimento humano, a verdadeira potência do trabalho reside em ajudar os clientes a traduzirem os princípios quânticos em ações práticas e concretas, adaptadas à singularidade de cada pessoa. O papel do terapeuta, neste contexto, não é o de oferecer fórmulas prontas, mas sim de inspirar, orientar e co-criar, junto ao cliente, caminhos personalizados para a integração dos ensinamentos ao cotidiano. Isso pode envolver a elaboração de um plano de ação diário, a sugestão de rituais matinais ou noturnos, a escolha consciente de palavras e atitudes que elevam a vibração, além do estímulo à prática constante da auto-observação e do ajuste fino das próprias emoções, pensamentos e escolhas.

A mente quântica só revela todo o seu potencial quando desce do intelecto ao coração e se expressa nas mãos, na ação. Não basta compreender, é preciso viver: escolher, a cada dia, agir com consciência e intenção elevada nos encontros, nas tarefas, nos desafios e nos momentos de descanso. Dessa forma, o conhecimento se converte em sabedoria viva, moldando experiências e transformando a realidade de dentro para fora.

Essa abordagem cotidiana não requer grandes esforços ou mudanças drásticas, mas sim pequenos gestos diários, repetidos com consciência. Ao criar novos hábitos baseados em presença, gratidão, intenção e abertura ao campo de possibilidades, começamos a perceber resultados palpáveis: maior leveza nos relacionamentos, mais criatividade e solução de problemas no trabalho, saúde fortalecida, finanças organizadas e uma espiritualidade que permeia todas as experiências. Pequenas mudanças na forma de acordar, de se alimentar, de conversar ou de tomar decisões, quando feitas de forma intencional, somam-se até criar uma vida mais alinhada, plena e coerente com o potencial do ser.

Por isso, a prática quântica no cotidiano é, acima de tudo, um exercício de constância, gentileza e autocompaixão. Cada dia oferece novas oportunidades de aplicar os princípios aprendidos, de ajustar o rumo e de celebrar pequenas vitórias. Não é necessário esperar por momentos especiais: a transformação ocorre justamente na rotina, nas escolhas aparentemente simples, mas carregadas de intenção e significado.

Assim, a mente quântica se firma como uma aliada para a vida real, mostrando que o extraordinário pode e deve ser vivido no ordinário. O conhecimento quântico, se permanecer apenas como conceito, é como semente não plantada. Sua verdadeira força se revela ao germinar no terreno fértil das ações diárias, tornando-se florescimento visível no trabalho, na família, na saúde, nas finanças e na relação com o sagrado. A mente quântica deve estar viva no cotidiano — e é aí que se revela, de fato, a sua maestria.

Capítulo 25
Mente Coletiva

A expansão da consciência individual, tão cultivada ao longo da jornada da mente quântica, culmina naturalmente em um movimento de conexão e responsabilidade com algo maior: a mente coletiva. Esta dimensão, muitas vezes ignorada no cotidiano, é o campo energético e informacional compartilhado por toda a humanidade. Cada ser humano é, ao mesmo tempo, emissor e receptor de frequências. Como transmissores, nossos pensamentos, emoções e crenças entram em ressonância com esse oceano invisível de consciência coletiva; como receptores, somos também constantemente influenciados pelas correntes predominantes desse mesmo campo.

A mente coletiva, ou consciência coletiva, pode ser entendida como um vasto oceano de pensamentos, sentimentos, memórias e arquétipos universais. Nossas mentes individuais funcionam como rios que deságuam nesse oceano, influenciando a qualidade de suas águas. Se cada pessoa cultiva sentimentos de medo, raiva ou separação, o campo coletivo se torna denso e carregado de tensão. Por outro lado, se uma quantidade crescente de pessoas pratica amor, compaixão e unidade, a atmosfera psíquica da humanidade se torna mais leve, clara e vibrante. Essa troca é dinâmica e contínua: influenciamos e somos influenciados, cocriando o clima energético que, em última análise, afeta todas as esferas da vida planetária.

Esse entendimento investe cada pessoa de uma responsabilidade inédita. Cada emoção cultivada, cada pensamento repetido, cada palavra lançada ao mundo é, na verdade, uma gota a mais no vasto oceano da mente coletiva. Um pensamento negativo, mesmo em segredo, não é um evento isolado — ele contribui, ainda que sutilmente, para a densidade do campo. Um gesto anônimo de gentileza ou um momento de compaixão gera uma onda positiva, cuja influência se expande além do alcance imediato. Por isso, o verdadeiro serviço planetário começa com a purificação da própria mente e coração, já que a transformação global se edifica na soma de incontáveis transformações individuais.

Historicamente, existem muitos indícios do poder da mente coletiva. Orações mundiais e meditações sincronizadas já demonstraram, em experiências e relatos, a capacidade de gerar efeitos tangíveis, promovendo ondas de paz, harmonia ou cura em períodos de crise. Grandes movimentos sociais e mudanças culturais podem ser vistos como saltos de consciência coletiva, quando uma nova ideia atinge massa crítica suficiente para remodelar estruturas de poder, comportamento ou valores. Mesmo fenômenos de solidariedade espontânea, que surgem em catástrofes ou momentos de alegria coletiva, são expressões vivas do campo coletivo sendo energizado por intenções convergentes.

Compreender o funcionamento da mente coletiva nos convida a adotar uma postura ativa e consciente diante de nossa própria influência no campo maior da humanidade. Cada pensamento ou emoção, cada palavra proferida ou silenciada, é uma semente lançada no solo fértil do inconsciente coletivo. Ao adotar a prática da auto-observação e da autorresponsabilidade, a mente quântica percebe que sua própria transformação interior é uma poderosa contribuição para a transformação do todo. O simples ato de escolher o amor em vez do medo, a compaixão em vez do julgamento, a esperança em vez do pessimismo, se torna um serviço silencioso e valioso para a elevação da vibração coletiva.

Existem várias formas práticas de elevar a mente coletiva a partir da prática pessoal, estendendo os efeitos do nosso próprio alinhamento para além dos limites do eu individual:

- Pensamentos altruístas: Dedicar momentos do dia para nutrir pensamentos positivos não só para si mesmo, mas também para outras pessoas, para a comunidade e para o mundo. O envio deliberado de boas intenções — mesmo à distância — tem um impacto real no campo coletivo, como uma oração silenciosa ou um desejo sincero de bem-estar.
- Ações compassivas: Pequenos gestos de bondade, como ajudar um desconhecido, ouvir com atenção ou doar algo sem esperar nada em troca, geram ondas de coerência e inspiração que se multiplicam invisivelmente, tocando outras vidas e inspirando novas ações positivas.

- Meditações coletivas: Participar de grupos de meditação, tanto presenciais quanto virtuais, amplia exponencialmente o alcance da intenção. Quando muitas pessoas focam juntas em um objetivo comum — seja paz, cura, harmonia ou unidade —, o efeito é multiplicado e cria um campo de ressonância capaz de influenciar positivamente o ambiente social e até mesmo o planeta.
- Palavras construtivas: Utilizar a comunicação para edificar, unir, inspirar e motivar. Escolher palavras que elevem, que promovam entendimento e empatia, evita que o campo coletivo se sobrecarregue com críticas, reclamações ou palavras destrutivas.

Transformar esse conhecimento em prática ativa pode começar com a adoção de rituais diários de intenção coletiva. Um exemplo poderoso é a oração ou meditação pela humanidade, realizada com foco amoroso e intenção clara:

1. Encontre um momento de silêncio e coloque as mãos sobre o coração.
2. Respire profundamente, conectando-se com sentimentos sinceros de compaixão e amor.
3. Visualize mentalmente o planeta Terra, contemplando sua beleza, fragilidade e diversidade.
4. Imagine uma luz dourada, suave e curadora, irradiando de seu coração e envolvendo toda a Terra, penetrando em cada continente, cidade e ser vivo.
5. Emane intenções claras de paz, cura, compreensão e unidade para toda a humanidade, evitando focar nos problemas e, sim, sustentando a vibração da solução.

6. Permaneça neste estado de doação por pelo menos dez minutos, sentindo-se parte de uma rede de luz que abraça o mundo.

Práticas como essas, quando realizadas com regularidade e sinceridade, fortalecem não apenas a mente individual, mas também elevam o campo coletivo, tornando a humanidade mais receptiva à paz, ao entendimento e à evolução.

Para terapeutas, líderes e todos aqueles que exercem papéis de orientação ou influência, o convite é ampliar a perspectiva dos clientes e grupos, promovendo uma consciência que vá além dos interesses pessoais imediatos e reconheça o impacto coletivo de cada atitude, pensamento e emoção. Organizar encontros de meditação coletiva, incentivar a participação em projetos sociais, ou simplesmente fomentar a reflexão sobre o efeito dominó das ações cotidianas são formas poderosas de despertar o senso de pertencimento e corresponsabilidade. Ao perceberem-se como células de um grande organismo, as pessoas tendem a sair do papel de vítimas das circunstâncias e assumem, de modo mais ativo, o papel de cocriadores do campo humano coletivo.

O serviço à mente coletiva pode ser compreendido como uma extensão natural da jornada quântica individual. Quando o trabalho interior avança, torna-se inevitável o desejo de expandir os frutos da própria transformação para o bem comum. A autocura se desdobra em cura coletiva; a mudança interna se expressa em contribuição planetária. É o movimento do "eu" para o "nós", do desenvolvimento pessoal para a verdadeira cidadania planetária. Essa transição não exige gestos grandiosos, mas sim a dedicação diária de pequenas atitudes que inspiram, nutrem e renovam o campo de possibilidades para todos.

A jornada da mente quântica, portanto, não encontra seu fim no próprio indivíduo. Ao contrário, ela floresce plenamente quando compreendemos que cada pensamento purificado, cada emoção elevada e cada ação consciente, por menor que pareça, reforça o campo de coerência da humanidade. Participar de meditações globais, de orações coletivas ou de práticas altruístas é uma forma de fortalecer laços invisíveis, gerando um efeito de ressonância que amplia o potencial de cura e evolução do planeta.

Cada um de nós é uma célula viva no corpo da humanidade. Ao elevarmos nossa frequência pessoal, agimos como um ponto de luz, irradiando coerência e inspiração para a totalidade. O mundo exterior, visto sob a ótica quântica, não é um espaço separado e distante, mas a expressão manifesta do campo coletivo de todos os seres. O processo de mudança global começa, invariavelmente, com a coragem e a dedicação de transformar a si mesmo, tornando-se um exemplo vivo de harmonia e serviço. Assim, a mente quântica individual, quando desperta e florescente, se torna uma força vital a serviço da mente coletiva, promovendo saúde, paz e evolução para todos.

Capítulo 26
Síntese e Caminho

Ao final desta jornada textual, inicia-se uma nova etapa: a jornada experiencial do leitor. A travessia realizada ao longo dos capítulos anteriores conduziu a uma profunda transformação na forma de perceber e interagir com a realidade. A proposta não foi apresentar verdades absolutas ou dogmas, mas sim fornecer instrumentos — um mapa e uma bússola — que permitem ao leitor se orientar dentro do vasto território de sua própria consciência. O convite, agora, é para sintetizar os pilares desta nova visão e contemplar o caminho que se abre diante de si.

O ponto de partida foi uma mudança de paradigma essencial: abandonar a mente linear, que enxerga o mundo como algo fixo, previsível e limitado, para adotar a mente quântica — um modelo de percepção em que o universo é visto como um campo vivo e pulsante de infinitas possibilidades. Essa transição representou mais do que uma simples mudança conceitual. Ela exigiu uma revisão profunda dos fundamentos que sustentam a visão de mundo, da natureza da realidade e da própria identidade.

Essa mente quântica compreende que a realidade não é uma entidade estática, mas um processo contínuo de manifestação e transformação. Nesse contexto, realidade não é um substantivo, mas um verbo — um acontecimento em curso, uma dança entre energia e consciência. Essa visão implica reconhecer que a consciência não é um elemento periférico ou secundário, mas sim o agente primordial na criação da realidade. A forma como percebemos, pensamos e sentimos atua diretamente na configuração dos eventos e experiências que vivenciamos.

Um dos principais marcos dessa jornada foi o despertar do Observador interior. Este é um aspecto da consciência que tem a capacidade de testemunhar os próprios pensamentos e emoções sem se identificar com eles. Essa habilidade de observar sem se envolver emocionalmente é a base do poder de escolha. Quando se consegue observar os pensamentos e sentimentos sem reagir automaticamente, abre-se espaço para novas respostas, mais conscientes e alinhadas com a intenção verdadeira.

Nesse espaço interno de presença e testemunho reside uma das chaves mais poderosas para a liberdade interior. O indivíduo deixa de ser prisioneiro das narrativas automáticas da mente condicionada e assume o papel de criador consciente da sua experiência. Esta consciência observadora não é passiva, mas sim criativa. Ao observar com clareza, é possível escolher com sabedoria, e ao escolher, manifesta-se uma nova realidade.

Foi nesse mesmo espírito que se compreendeu que o Agora — o momento presente — é o único ponto de acesso real ao poder criador. O passado, por mais significativo que tenha sido, é apenas memória. O futuro, por mais promissor ou temido que pareça, é apenas potencial. A criação, no entanto, ocorre exclusivamente no agora. É nesse espaço-tempo que se encontra a energia viva da criação, onde pensamento, emoção e intenção convergem para gerar realidade.

Essa compreensão levou ao aprendizado das ferramentas fundamentais da criação consciente. O pensamento foi reconhecido como a energia projetora, aquele que desenha o contorno da realidade desejada. A emoção, por sua vez, é o campo magnético que vitaliza esse pensamento, dando-lhe densidade vibracional. Já a intenção funciona como uma bússola, orientando a energia combinada do pensamento e da emoção na direção de um propósito específico. Quando essas três forças atuam em harmonia, o processo criativo se torna extremamente eficaz.

Foi a partir dessa harmonia que surgiu o conceito de Coerência Interior — um estado de alinhamento entre o que se pensa, o que se sente e o que se faz. Quando há coerência entre essas dimensões do ser, o sinal emitido pela consciência deixa de ser fragmentado ou contraditório e se transforma em um feixe concentrado de energia criativa. Como um laser, esse sinal coerente tem o poder de colapsar as possibilidades quânticas em realidades concretas, de maneira clara e alinhada com os desejos mais profundos do ser.

Ao aprofundar-se no caminho da consciência expandida, o leitor encontrou outro elemento essencial desta jornada: a Intuição Expandida. Este recurso interno, muitas vezes negligenciado na abordagem racionalista da mente linear, foi resgatado como um verdadeiro sistema de orientação. A intuição é mais do que um simples pressentimento; é um canal direto de comunicação com o campo de sabedoria que permeia toda a existência. Quando se cultiva a escuta interna e a sensibilidade às sutilezas do sentir, torna-se possível acessar respostas e direcionamentos que não emergem do pensamento lógico, mas de uma inteligência mais abrangente, conectada ao todo.

Essa inteligência intuitiva atua como guia em todas as etapas do processo criativo, especialmente quando a mente racional encontra seus limites. Ao seguir a intuição com confiança, o indivíduo passa a tomar decisões mais alinhadas com seu propósito e seu campo vibracional. Essa escuta sutil permite perceber os sinais do campo, os movimentos sutis da energia e os convites da vida que orientam o fluxo da experiência. O campo não apenas responde às intenções; ele também se comunica, orienta e educa — desde que haja abertura e sensibilidade para escutá-lo.

Foi com essa escuta aguçada que se abordou a prática da Cura Quântica. A cura, neste contexto, deixou de ser compreendida como a simples eliminação de sintomas físicos e passou a ser vista como o retorno à coerência vibracional. A doença foi reconhecida como um sinal de desalinhamento, um indicador de que há aspectos do ser — pensamentos, emoções, hábitos, crenças — que não estão em ressonância com a verdade interior ou com o bem-estar pleno. A verdadeira cura, portanto, não é um ato isolado, mas um processo de reintegração energética e de restauração do fluxo harmônico da consciência.

A aplicação dos princípios quânticos à saúde revelou que o corpo responde diretamente à vibração da mente e das emoções. Estados de medo, culpa, raiva ou tristeza prolongados geram campos energéticos densos que, ao se tornarem crônicos, tendem a se manifestar como desequilíbrios fisiológicos. Por outro lado, sentimentos de amor, gratidão, aceitação e compaixão elevam a frequência vibracional do ser e favorecem a regeneração natural. A cura quântica, então, se baseia na transformação da consciência como premissa para a transformação do corpo.

A prática da cura também ampliou a visão de que cada indivíduo é mais do que um ser isolado. Compreendeu-se que a jornada de autoconhecimento e transformação pessoal não se limita ao eu individual, mas reverbera na Mente Coletiva. Cada avanço interno, cada cura pessoal, cada escolha consciente contribui para a elevação da frequência do coletivo humano. O campo quântico é interconectado, e tudo o que acontece em uma parte do campo afeta o todo. Assim, curar a si mesmo é também um ato de serviço, uma contribuição silenciosa, porém poderosa, para a cura do planeta.

Esse reconhecimento de interconexão ampliou o senso de responsabilidade do leitor, especialmente daqueles que assumem papéis de terapeutas, facilitadores ou guias. A prática quântica não pode ser desvinculada da ética. O poder que nasce da consciência elevada exige humildade e responsabilidade. Não se trata de dominar ou controlar a realidade com fins egoicos, mas de participar da criação de forma harmoniosa, respeitosa e amorosa. A sabedoria adquirida ao longo desta jornada deve ser aplicada com compaixão e com o compromisso de servir à evolução do todo.

Para os terapeutas e guias, esse compromisso é ainda mais profundo. Não basta conhecer os princípios; é necessário vivê-los. A verdadeira autoridade espiritual não nasce do discurso, mas da coerência entre o que se ensina e o que se pratica. Guiar os outros requer, antes de tudo, um compromisso contínuo com o próprio processo de transformação. É essa vivência autêntica que inspira, que toca o outro em profundidade e que tem o poder de catalisar processos de cura e expansão nos que estão ao redor.

A jornada, portanto, não tem fim. Desenvolver uma mente quântica é abraçar um processo contínuo de crescimento, de retorno à presença, de escolha consciente. A prática não exige perfeição, mas constância. Haverá momentos de oscilação, de queda de frequência, de desconexão. Esses momentos não são falhas, mas partes naturais do caminho. A chave está em retornar — sempre retornar — ao centro, à intenção, à gratidão, ao agora. É esse retorno amoroso e disciplinado que fortalece a mente quântica e solidifica o novo estilo de vida que ela propõe.

O chamado final deste capítulo é para selar e integrar, com consciência e intenção, os aprendizados acumulados ao longo da jornada. A proposta é realizar um ritual simbólico que represente tanto o encerramento do ciclo de aprendizado quanto a abertura de um novo ciclo de prática. Este rito, embora simples, possui um poder profundo de ancoragem e significação, permitindo que o conhecimento deixe o campo conceitual e se enraíze no campo experiencial do ser.

1. Em um momento de tranquilidade, acenda uma vela branca, simbolizando a luz da sua consciência.

Esse gesto simbólico tem múltiplos significados. A vela representa a iluminação interior, a clareza que foi sendo cultivada ao longo dos capítulos. A cor branca, por sua vez, é símbolo de pureza, unidade e possibilidade infinita — exatamente os princípios fundamentais da mente quântica. Ao acendê-la, cria-se um ambiente de foco e reverência, um espaço sagrado onde o ordinário se eleva ao nível do extraordinário.

2. Sente-se confortavelmente e inspire profundamente algumas vezes, centrando-se no momento presente.

Esse momento de centramento é essencial para entrar em estado de coerência. A respiração profunda atua como ponte entre o corpo físico e os estados sutis de consciência. Ao focar na respiração, a mente se aquieta, o corpo relaxa, e a atenção se ancora no agora — o único espaço-tempo onde a criação consciente pode acontecer. Esse gesto simples prepara o terreno vibracional para que o ritual tenha impacto real.

3. Feche os olhos e visualize todos os capítulos e os princípios que você aprendeu como esferas de luz individuais, orbitando ao seu redor.

A imaginação aqui não é mero devaneio, mas ferramenta ativa de codificação energética. Ao visualizar os aprendizados como esferas de luz, reconhece-se que cada lição é uma frequência, uma vibração viva. Essa visualização cria um campo simbólico que reúne o conteúdo assimilado de forma integrada, acessando a memória não apenas intelectual, mas também vibracional dos ensinamentos recebidos.

4. Com uma inspiração profunda, veja todas essas luzes se unindo e se fundindo em uma única e brilhante esfera de luz dentro do seu coração.

Esse momento simboliza a síntese. Todos os saberes, práticas e compreensões que estavam distribuídos se concentram agora no centro do ser. O coração é o ponto de unificação entre mente, corpo e espírito, entre o mundo interno e externo. Ao fundir essas luzes em seu coração, o leitor não apenas armazena, mas internaliza os princípios da mente quântica. Eles passam a fazer parte de sua estrutura vibracional.

5. Mantendo o foco nessa luz interior, repita para si mesmo, com profunda convicção: "Sou mente quântica, sou criador consciente".

A verbalização dessa afirmação tem o poder de consolidar a nova identidade vibracional. Ao dizer essas palavras com intenção, o leitor está afirmando ao campo quântico — e a si mesmo — que reconhece sua natureza criadora, sua capacidade de escolher e moldar sua realidade com consciência. Essa declaração de identidade não é uma crença imposta, mas uma verdade experimentada e reconhecida internamente.

A partir dessa integração final, o leitor está preparado para iniciar a fase mais importante de toda a jornada: a prática cotidiana. Agora, com o mapa interno desenhado e as ferramentas em mãos, o desafio é transformar teoria em ação, conhecimento em sabedoria vivida. Cada novo dia é uma oportunidade de escolher sua frequência, de alinhar pensamento, emoção e intenção, de colapsar possibilidades que estejam em harmonia com o bem, a beleza e o propósito.

O caminho não será isento de desafios, mas estará permeado de significado. Com coragem e curiosidade, o leitor poderá explorar o território mais vasto que existe: o de si mesmo como expressão ilimitada da força criadora do universo. Ao tornar-se presença viva da mente quântica, sua vida se tornará uma extensão da dança criativa do cosmos — uma jornada de autodescoberta, serviço ao todo e expansão contínua.

Epílogo

Termino este livro no mesmo silêncio em que ele começou.

Não o silêncio das pausas, mas aquele que existe por trás de todas as palavras — o lugar de onde nasceram as ideias, as metáforas e as imagens que me acompanharam durante a escrita.

Ao chegar até aqui, você percorreu comigo um trajeto que não é linear, e talvez por isso seja tão verdadeiro. Fomos juntos da dúvida à observação, do pensamento à emoção, do invisível que nos habita ao visível que construímos todos os dias.

Agora, é tempo de respirar.

Escrever estas páginas não foi um exercício intelectual, mas um processo de escuta. Eu não as escrevi "sobre" algo; escrevi a partir de algo — de uma experiência interior que me pedia forma, palavra e corpo. Cada capítulo nasceu de um instante em que a mente se aquietou o bastante para que a consciência falasse. E é essa mesma quietude que desejo que você reconheça em si, não como um conceito, mas como um estado de presença.

Durante anos, busquei compreender o que chamamos de "realidade". A ciência me ofereceu equações, a filosofia me ofereceu perguntas, e a vida —

essa grande mestra silenciosa — me ofereceu experiências. Percebi, então, que compreender é apenas uma das formas de participar do mistério. A outra é sentir. E, quando ambas se encontram, nasce a sabedoria: o entendimento que não se explica, mas se reconhece.

Foi desse encontro que surgiu a expressão "mente quântica" — não como metáfora científica, mas como nome para uma consciência que sabe ver além da aparência e escolher com intenção o significado de cada instante.

Se, ao longo da leitura, alguma ideia lhe tocou, alguma frase o fez parar ou alguma imagem abriu espaço em seu pensamento, então o livro cumpriu seu papel. Porque este não é um texto sobre verdades, e sim sobre possibilidades.

A mente quântica não é um dom para poucos; é uma disposição para o novo, uma forma de olhar que acolhe o imprevisível sem medo e transforma a incerteza em campo fértil de criação.

Ela não se conquista — desperta. E desperta cada vez que escolhemos observar em vez de julgar, respirar em vez de reagir, compreender em vez de resistir.

Enquanto escrevia, percebi que falar sobre consciência é falar também sobre humildade. Não a humildade que se curva, mas a que reconhece a grandeza da vida em tudo o que existe. Aprendi que o universo não é um palco onde atuamos, mas uma rede viva da qual participamos. E nessa rede, cada pensamento é uma vibração, cada gesto é um fio, cada emoção é uma cor. Nada se perde; tudo comunica.

Assim, quando você pensa com clareza, sente com gratidão e age com propósito, o universo inteiro se reorganiza para sustentar esse movimento. Isso é coerência. Isso é cura.

Mas a mente quântica não é um estado permanente. Ela é um exercício diário. Haverá dias em que o ruído voltará, em que o medo ou a dúvida tomarão a frente. Tudo bem.

O caminho não pede perfeição, pede presença.

Cada vez que você lembrar de observar, de respirar, de se recolher por um instante antes de reagir, estará praticando.

Cada vez que escolher um pensamento mais leve, uma palavra mais compassiva ou um silêncio mais consciente, estará realinhando a própria energia.

E é assim, pouco a pouco, que a mente se torna instrumento da alma — não para dominar o mundo, mas para participar dele com mais clareza, bondade e liberdade.

Agradeço a você, leitor, pela companhia silenciosa durante estas páginas.

A leitura é um ato íntimo, quase sagrado: enquanto escrevo, não sei quem está do outro lado; mas confio que, em algum momento, alguém encontrará sentido nestas linhas. E, quando isso acontece, não é apenas o leitor que se transforma — o autor também muda.

Por isso, obrigado.

Por ter confiado tempo e atenção a estas ideias, por ter permitido que elas ressoassem em sua vida, mesmo que por instantes.

Que este livro sirva como um lembrete — não de algo que você precise aprender, mas de algo que já sabia, e que agora se recorda.

Lembre-se: cada pensamento é uma escolha, cada emoção é uma frequência, cada olhar é um portal.

A realidade não acontece fora de você; acontece através de você.

E quando você reconhece esse poder, sem arrogância, com humildade e amor, tudo o que antes parecia separado começa a se unir.

Fecho este texto com a mesma intenção com que o comecei: oferecer um espaço de pausa.

Se o mundo é feito de movimento, que este livro seja o seu intervalo.

Um instante de respiração entre o que você era e o que começa a se tornar agora.

Com gratidão e respeito,

Kira Solandor

www.ingramcontent.com/pod-product-compliance
Lightning Source LLC
LaVergne TN
LVHW090325051026
849518LV00005B/1889
* 9 7 8 6 5 9 8 8 6 0 0 6 6 *